云计算 SaaS 服务演化

何 俊 著

科 学 出 版 社

北 京

内 容 简 介

本书从服务演化管理的角度，以 Pi 演算和 OWL-S 及其扩展作为形式化工具，较为系统地讨论了云计算环境下 SaaS 软件模式的服务演化相关问题，包括 SaaS 服务演化的概念框架、需求规约形式化描述方法、层间映射规则、需求演化方法、服务流程演化方法、服务增量式演化方法、服务数据演化方法等，并给出相关推理过程和算法。本书还给出了一个服务演化过程的原型系统，并提供案例研究。

本书可作为高等院校计算机相关专业研究生和高年级本科生的参考书，也可供从事云计算、服务计算和软件工程的科技人员使用和参考。

图书在版编目（CIP）数据

云计算 SaaS 服务演化 / 何俊著. —北京：科学出版社，2017.11
ISBN 978-7-03-055185-6

Ⅰ. ①云… Ⅱ. ①何… Ⅲ. ①计算机网络－程序设计
Ⅳ. ①TP393.092

中国版本图书馆 CIP 数据核字(2017)第 270313 号

责任编辑：闫 悦 / 责任校对：郭瑞芝
责任印制：张 伟 / 封面设计：迷底书装

科学出版社出版
北京东黄城根北街 16 号
邮政编码：100717
http://www.sciencep.com
北京厚诚则铭印刷科技有限公司 印刷
科学出版社发行 各地新华书店经销
*
2017 年 11 月第 一 版 开本：720×1 000 1/16
2021 年 7 月第四次印刷 印张：11 1/2
字数：230 000

定价：99.00 元

（如有印装质量问题，我社负责调换）

前　言

随着信息技术的高速发展，人们迎来了新一轮技术变革。近年来，SaaS 作为云计算的主要服务提供模式之一已成为热点，软件技术也随着云计算的产生和深入应用发生深远变化，并对原有的软件工程理论提出了新的要求。

本书根据云计算 SaaS 模式的“单实例，多租户”、功能可伸缩、按需服务等特性，以租户需求为驱动，阐述 SaaS 服务的演化理论和方法。通过建立 SaaS 服务演化的总体概念框架，采用 OWL-S、Pi 演算及其扩展作为形式化工具，对 SaaS 服务演化的需求规约、需求转换映射、演化操作模型、模型分析、数据演化等进行深入研究，从需求、流程和服务三个层面建立演化过程，并通过原型系统和案例分析帮助读者理解演化过程。

本书的主要内容概括如下。

(1) SaaS 服务演化的总体概念框架。以整体论的思想方法为指导，站在全局的角度设计演化的总体思路，建立以租户需求为驱动的 SaaS 服务演化的分层概念框架，为读者提供框架性指导。

(2) SaaS 服务需求规约的形式化描述及演化方法。对 Web 服务本体描述语言 OWL-S 进行扩展，增加演化位置和演化内容描述，使其可对 SaaS 需求规约进行形式化描述，并建立起 SaaS 服务需求和 OWL-S 的对应关系与描述方法，用 OWL-S 来表示或刻画 SaaS 服务需求规约及演化。识别出 SaaS 服务需求规约中可能存在的冲突类型，给出对应的冲突检测和消解方法。

(3) SaaS 服务流程演化模型。对经典 Pi 演算进行扩展，形式化表示和描述 SaaS 服务流程，并建立服务流程演化模型，对服务流程演化前后的互模拟程度问题，以及模型簇膨胀问题进行描述，给出对应的解决方法。用 Pi 演算验证 SaaS 服务流程的可达性、死锁和活锁问题。

(4) 基于扩展 Pi 演算的 SaaS 增量式服务演化模型。以原子服务为演化的基本单元，建立增量式服务演化模型。针对 SaaS 服务演化多租户环境下的复杂需求，给出增量式服务演化解决方案，解决服务的原子演化操作和操作复合问题，并利用互模拟理论证明复合顺序结果的等价性，以及服务演化的一致性。

(5) SaaS 服务的数据演化方法。主要探索数据模式的演化过程和数据模型的演化方法，以及数据演化的涌现性问题，给出数据演化涌现性的定义和特征，并研究基于信息熵的涌现性度量问题。

通过分析、设计和实现，开发出 SaaS 演化辅助平台，以日志数据库、OWL 解析引擎及接口、Graph 引擎及接口等为基础，实现演化需求描述图形化表示、日志分析等工具。并通过两个典型案例的分析来说明本书所提出的理论和方法的可行性和实用性。

总之，本书给出一种以租户需求为驱动的 SaaS 服务演化方法，建立该方法的理论体系，指导 SaaS 服务的演化过程，为实现云计算环境下的软件演化提供一种有效途径。

感谢昆明学院对本书出版的大力支持。本书是作者多年来对云计算环境下软件演化理论的研究总结。限于作者的实践范围和理论水平，书中不足之处在所难免，希望读者批评指正。

作　者

2017 年 8 月

目　　录

第 1 章　绪　　论

随着信息技术的高速发展，人们迎来了新一轮技术变革，云计算应运而生，软件技术也将随着云计算的产生和深入应用发生深远变化，并对原有的软件工程理论提出了新的要求。近年来，SaaS 作为云计算的主要服务提供模式之一已成为研究热点。SaaS 软件同样面临升级演化的问题，但其按需定制、多租户、高质量用户体验等特性对软件演化过程和技术都提出了更高的要求，必须在 SaaS 服务演化的基础理论和技术方面进行深入和系统的研究。

1.1　背 景 介 绍

随着云计算[1]技术的发展及 Web 应用的成熟，软件即服务（software as a service，SaaS）[2]作为云计算的一种应用模式逐渐受到重视，并已逐渐成为企业获取信息技术资源的重要途径之一。与传统软件不同，SaaS 软件由服务提供商负责开发、部署和运维，并支持用户以“使用而不拥有”的方式来租用软件服务。用户通常不需要获得或者购买软件的序列号，也不用在他们的本地机上安装这些软件，只需要连接到互联网上，通过认证登录就可以使用服务提供商的 SaaS 服务。这种模式为软件使用者提供了便捷，大大降低了用户的信息化成本，与此同时增加了软件服务的使用率。此外，SaaS 软件非常典型的一个特征就是“单实例、多租赁”，也就是多个用户共享一个应用实例。虽然不同用户的数据和服务在物理上是共享的，但是在逻辑上它们是完全隔离的。因此对于每个用户来说，他们都会觉得这个实例好像是只为自己服务一样，具有良好的用户体验效果。对中小型企业来说，SaaS 软件是他们利用先进技术的一个便捷途径，也是目前网络应用中最具发展前景的运营模式和未来软件生存的主要形态之一。

由于 SaaS 软件的特点和优势，目前市场已逐步进入快速发展的阶段。美国市场研究机构 AMR 公司的研究报告表明：SaaS 软件与传统软件的增长率相比较，它每年的市场增长率超过了传统软件的 20%，2010 年的市场收入已经增加到 100 亿美元（2006 年的时候还是 15 亿美元）[3]。《信息周刊》对 250 个企业用户进行了调查和研究，其结果为：有 29%的用户正在通过互联网使用 SaaS，而有 35%的用户计划或正在考虑购买这种服务方式的软件[4]。在我国，SaaS 将作为今后的主流软件提供模式之一逐步被人们所接受，应用前景广阔，目前已被社会、企业、政府高度重视。国务院 2009 年印发的《“十二五”国家战略性新兴产业发展规划》中，明确将云计算列为新一代信息技术产业之一，要求推进云计算技术创新，培育新兴服务业态，增强国际竞争能力，带动我国信息产业实现由大到强的转变。尽管如此，SaaS 软件的发展也面临着许多挑战，特别是理论和技术的研究不能适应需求的快速膨胀，大量以传统模式构建的软件无法快速演化为 SaaS 模式，SaaS 软件快速适应需求变化的理论研究还远未成熟。因此，SaaS 的理论研究和创新是一个亟须突破的课题，并已经逐步成为该领域学者和技术人员探索的热点。

与传统软件相同，SaaS 软件同样面临升级演化的问题，但其按需定制和在线演化的特性对软件演化过程和技术都提出了更高的要求。需要对软件的演化粒度进一步抽象，以便降低演化的复杂度，服务作为 SaaS 软件的对外表现形式之一，可作为演化的抽象单元，并以此为基础逐步细化、分层求精。同时，对于用户的高可用性和高服务质量的要求，SaaS 软件必须具有更高的可演化能力和灵活性，以满足不同租户的需求，并将用户需求作为演化的原始驱动力，影响和推动软件的整个演化过程。采用用户需求驱动 SaaS 软件演化必须解决两个问题：①如何对用户需求进行形式化或半形式化分析，使用户需求能比较精确、无二义性地被机器所理解，并对不合理需求进行过滤；②如何使形式化后的用户需求驱动软件演化过程，实现演化需求与演化执行的转换，并且是映射关系。同时需要解决在服务粒度上的一系列演化问题，包括服务演化的策略、方法、模型、验证等问题。但用户需求中不仅涉及某些服务单元的内部变化，而且需要改变服务单元之间的逻辑关系时，需要对服务流程进行演化，并且涉及流程演化过程中的一致性、正确性、完整性等问题。

因此，本书将深入分析 SaaS 软件的特性，从用户需求出发，以服务作为演化的基本单元，采用形式化工具构建演化模式，为 SaaS 软件的快速部署、及时更新提供理论指导，以获得更好的用户体验质量，推动云计算技术和产业的发展。

1.2　内容和方法概述

本书在前人研究的基础上，采用 Web 服务本体描述语言(ontology web language for services，OWL-S)、Pi 演算及其扩展作为形式化工具，以用户需求为驱动，对 SaaS 服务演化的需求形式化、转换映射、演化模型、模型分析等方面进行深入研究，构建一种 SaaS 软件演化和维护的理论和方法。具体内容和方法包括以下几方面。

(1) SaaS 服务演化的概念框架。深入分析 SaaS 软件的特性，以及 SaaS 软件演化与传统软件演化的共同点和区别，研究其演化的实现过程、层次和机理。以系统科学整体论为指导，站在全局的角度研究演化的总体思路，建立以租户需求为驱动的、以服务演化为主线的分层概念框架。该框架是顶层设计，将指导本书后续的研究内容和原型系统的设计与实现。

(2) SaaS 服务需求规约的形式化表示方法。这部分内容是在分层概念框架的指导下展开的。需求变更是 SaaS 服务演化的原始驱动力之一，在面对复杂多变的用户需求时，研究其演化通常是一项比较复杂的工作。为此，本书对 OWL-S 进行扩展，增加演化位置和演化内容描述，使其可对 SaaS 需求规约进行形式化描述，并表示或刻画需求规约的演化过程。

(3) Pi 演算、OWL-S 形式化工具及其扩展。本书以 Pi 演算作为主要的形式化建模工具，充分利用该工具的移动性和观察模拟理论对演化过程进行建模。并基于经典 Pi 演算进行扩展，增加描述非功能需求的特征元组，并增加归属关系和约束等元素，使 Pi 演算具有更强的描述能力。对 OWL-S 进行必要的扩展，增加演化位置和演化内容描述，使其可对 SaaS 需求规约进行形式化描述，并表示或刻画需求规约的演化过程。

(4) 基于 Pi 演算的需求规约演化方法。需求规约演化是整个 SaaS 服务演化过程的起点和驱动力。本书给出了需求规约的演化机制，实现 OWL-S 描述的演化需求文档到 Pi 演算的映射关系和转换方法。将需求演化过程分为可相互作用的基层和元层，通过层间协议实现基层和元层的通信。利用 Pi 演算建立需求规约的演化模型，形式化地定义了演化操作集合和应遵循的规程，并完成需求规约演化前后的冲突检测。

(5) SaaS 服务流程演化研究。服务流程演化是 SaaS 服务演化过程的重要组成部分，是由租户需求演化结果直接驱动的。用扩展 Pi 演算对服务流程进行描述和形式化表示，建立服务流程演化模型，并对服务流程演化前后的互模拟程度、模型簇膨胀问题进行研究。研究用 Pi 演算验证 SaaS 服务流程可达性、死锁和活锁的方法。

(6) 基于扩展 Pi 演算的 SaaS 增量式服务演化。在需求规约演化的驱动下，以服务为演化的基本单元，对服务进行形式化描述和定义，建立增量式服务演化模型，并深入研究原子演化操作和操作复合问题。利用互模拟理论证明演化一致性和复合顺序结果等价性等问题。

(7) SaaS 服务演化辅助平台(aided evolution platform for SaaS，AEPS)。通过分析、设计和实现，开发了 SaaS 服务演化辅助平台，以日志数据库、OWL 解析引擎及接口、Graph 引擎及接口等为基础，实现演化需求描述图形化表示工具、演化需求建模工具、日志分析工具等，辅助租户和管理员完成 SaaS 软件的演化过程。

(8) 通过案例研究验证本书的理论方法。通过两个案例的分析和应用说明本书研究内容和方法的实用性和可行性。选取的案例分别是在面向企业的 SaaS 服务领域具有代表性的客户关系管理系统 SaaS 和 SaaS 接口服务的典型代表政务目录服务系统。客户关系管理 SaaS 服务系统是一个以功能服务演化为主的代表性案例；政务信息资源目录服务系统是一个接口调用服务应用的典型应用案例，案例说明了本书研究的需求驱动下的 SaaS 服务演化方法是可行和实用的。

1.3 原则和范围

为使本书的内容和结论达到预期目标，使本书的内容深入、有效，并有的放矢地取得实用、正确的成果，给出本书的范围和依据。

本书的理论和观点遵循以下原则。

(1) 开创性原则。在前人成果的基础上，对 SaaS 服务演化方面的研究应具有独立的研究成果，发展和解决该领域的重大问题，并且形成完整、系统的小研究体系。

(2) 深度原则。本书需要在该领域达到一定的理论深度，深入探索所讨论问题的本质，结论具有一般性和普遍性。

(3) 结论正确性原则。必须保证内容的前后一致性、引用的可靠性和结论的正确性，通过证明其正确性或实践说明结论的可信性来表明所使用的方法和算法是优越的。

(4) 实用性原则。本书给出的成果需具有实际应用价值和意义，为解决现实生活中的某些问题作出阐述。

本书主要围绕下面的问题展开讨论。

(1) 如何解决租户需求规约的演化问题？

(2) 如何对形式化工具进行必要的、合理的、正确的扩展？

(3) 如何实现租户需求规约到 Pi 演算的正确映射？

(4) 如何建立 SaaS 服务流程的演化模型？如何进行模型验证或检测？

(5) 如何建立 SaaS 服务的演化模型？如何进行模型验证或检测？

(6) 如何实现可用的原型系统或使用完整案例说明本书的实用性和价值？

1.4 本书的主要价值

本书的价值主要体现在以下几方面。

(1) 定义了 SaaS 服务演化的概念框架。站在全局的角度研究 SaaS 服务演化的总体思路，建立以租户需求为驱动的 SaaS 服务演化分层概念框架。

(2) 解决了 OWL-S 描述的需求规约到 Pi 演算的映射问题。实现 OWL-S 描述的演化需求文档到 Pi 演算的映射关系和转换方法，建立租户需求到服务和流程的映射机制。

(3) 根据需要对经典 Pi 演算进行扩展，解决非功能需求描述问题。对 Pi 演算进行扩展来描述非功能需求，并增加归属关系和约束等元素，使 Pi 演算具有更强的描述能力。

(4) 建立了服务流程和增量式服务演化模型，解决了多租户环境下的 SaaS 服务演化问题。增量式服务演化是 SaaS 服务演化过程的重要组成部分。本书用扩展 Pi 演算对服务演化过程进行描述和形式化表示，建立服务演化操作模型。

1.5　本书的组织结构

本书共 10 章。第 1 章为绪论；第 2 章为相关现状综述，总结前人研究成果；第 3 章对形式化工具介绍并进行必要的扩展，为后续章节做好工具准备；第 4 章以整体论为指导建立演化概念框架，作为后续章节的导引；第 5～7 章是本书的核心内容，从需求、流程和服务三个层面对 SaaS 服务演化问题进行深入阐述，是本书建立模型和解决问题的主要章节；第 8 章介绍数据演化，对概念、特征和涌现性进行探索；第 9 章基于之前章节的结论开发系统原型，辅助演化过程的实施，并给出两个应用案例；第 10 章进行总结，小结本书的不足之处，并提出展望，指引读者进行深入思考。本书结构及各章节的关系如图 1.1 所示。

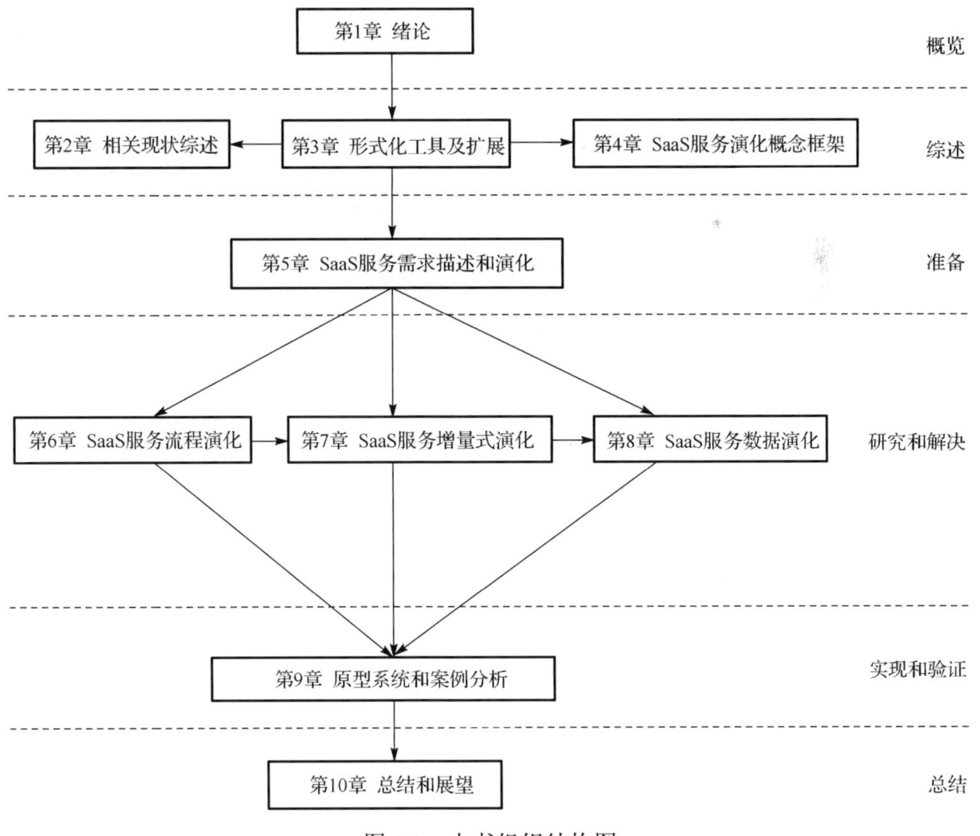

图 1.1　本书组织结构图

1.6　本章小结

本章作为绪论，综述性地概览全书和总结研究要点，起到提纲挈领和穿针引线的重要作用。本章对云计算的发展及 SaaS 模式软件的应用前景进行分析，同时介绍 SaaS 模式软件演化领域的研究背景，提出本书研究的主要内容和研究采用的理论方法，并给出原则和范围，提取出本书的主要价值，对本书的组织结构进行了简单的概括，为后面章节展开论述做好铺垫。

第 2 章　相关现状综述

近年来，云计算已经成为一个被频繁提及的名词，它是一种商业的计算模型，通过将大量计算任务分配到许多计算机构成的资源池上，使各种应用系统可以根据各自的需要获取计算能力、存储空间、网络资源，甚至是信息服务。SaaS 是云计算环境下的重要服务提供模式之一，是随着互联网技术的快速发展和应用软件的逐步成熟开始兴起的一种新的软件提供模式，业界预测 SaaS 具有巨大的商业价值，很可能会改变信息产业的发展格局，且目前已成为政府、企业、科研机构关注的焦点，但其相关技术和理论的研究还远未成熟。

2.1　SaaS 的发展现状

2.1.1　概述

高德纳咨询公司的报告显示，2011 年全球的 SaaS 市场由 2010 年的 104 亿美元增长 17.7%，到达近 123 亿美元；2012 年较 2011 年增长 17.9%，达到 145 亿美元。在 2017 年之前，SaaS 收入持续快速地增长，并在 2017 年达到 221 亿美元。未来的几年将是全球 SaaS 市场的黄金时期，其市场规模将保持高速增长态势[5]。

在国内，尽管 SaaS 还是个刚刚兴起的新生事物，但是由于国内具有良好的生长土壤，目前已经备受业界的关注。据统计，我国大约有 3000 万家中小型企业，而这些中小型企业是 SaaS 市场的主力军，是一个非常庞大的消费群体。在这些客户获得信息技术带来的巨大收益的同时，对于软件厂商而言将获得巨大的潜在市场资源。因为那些以前无法承担软件许可费用、没有能力配置技术人员或者没有信息化基础的用户，都会变成 SaaS 的潜在客户。因此，SaaS 在国内外都具有非常好的市场发展前景。

目前，业界预测 SaaS 具有巨大的商业价值，已成为政府、企业、科研机构等关注的焦点，并在基础理论、应用研究和实践等方面已经取得了一些进展，主要集中在以下三方面：①SaaS 概念的澄清和市场发展状况研究；②SaaS 模式的各种信息系统的分析和设计，从技术角度来研究 SaaS 模式在应用系统中的实现；③SaaS 的多租户模式、服务定制特性、数据安全保障等理论和应用方面的研究。

2.1.2 SaaS 的优点

现在越来越多的企业理解并运用了 SaaS，SaaS 模式不仅使企业免去了建立、维护、管理各自信息系统之苦，还可以使用户随时随地进行各种应用。对于信息化程度较低的中小型企业而言，SaaS 模式有着诸多好处，这是毋庸置疑的。

(1) 可重复使用。

SaaS 的最大优点之一就是可重复使用，这其实是 SaaS 其他所有优点的基础，该解决方案实施起来速度更快，成本更低，虽然算不上最好，但也足够好。

(2) 成本较低。

企业如果采用 SaaS 解决方案，其成本很大程度上只能满足自行实施、部署、运行、管理及支持这类解决方案所需成本的一小部分。SaaS 解决方案的一个最大优点是在价格方面可以提供非常显著的规模经济，通常可以将这种可重复使用的优点惠及客户，同时可以大大节省成本。

(3) 可以更快地提供解决方案。

SaaS 的提供商早已对企业即将采用的针对特定领域的解决方案进行了规划、设计、实施、部署及测试。这意味着企业可以使用已有解决方案，而企业要自行实施这样的解决方案需要很长时间。以大多数 SaaS 解决方案为例，软件已经实时运行、随时可以使用，唯一的瓶颈就是支付服务费和如何把这个工具与自己的业务流程联系起来。

(4) 灵活的定价模式，符合企业的发展模式。

采用 SaaS 的解决方案时，企业通常会使用基于订购、可以确定的定价模式，这种模式让企业可以在需要时购买所需服务。这意味着企业可以根据发展模式购买相应软件。企业规模扩大时只要开启新的连接，不用购置新的基础设施和资源，而一旦企业规模缩小只要关闭连接即可。这样，企业可以避免被过多的基础设施和资源所累。

(5) 更好的服务支持。

使用 SaaS 解决方案时，企业很可能使用由专家提供、管理及支持的解决方案，它们 7×24 小时关注某一专门领域。从诸多方面来看，该提供商相当于企业的实时延伸部分。实际上，连接到 SaaS 提供商对使用者而言是一种成本非常低的方式，只要连接上，SaaS 提供的资源就始终在为企业服务，这相当于扩增了企业的资源。

(6) 为企业减少所需的 IT 资源。

通常只要用浏览器就可以连接到 SaaS 提供商的托管平台，所以用户需要的全部基础设施就是用来运行浏览器的设备以及让该设备可以访问互联网的简易网络。企业将不必提供、运行、管理及支持自己的内部基础设施，对那些规模非常小、不想自行管理 IT 部门这项复杂工作的企业而言，SaaS 无疑是一种行之有效的方案，有助于加快实施企业的解决方案，同时尽量减少所需的 IT 资源。

2.1.3　SaaS 的缺点

SaaS 作为一种模式必然有其缺陷，以下这些问题是不可避免的。

(1) 个性化的缺失。多租户模式能够最大化规模效应，但是追求个性化需求将导致系统复杂度的急剧上升。鉴于成本的问题，SaaS 模式对个性化流程的支持往往相当有限。

(2) 无法应对高实时性的需求。时至今日，虽然互联网已经有了极大进步，成为一种相当稳定的基础设施，但是其响应速度还是无法跟工业现场总线和局域网相提并论。

(3) 对安全性的忧虑。市场对 SaaS 的安全性存在普遍的忧虑。一方面是对数据传输过程中的安全性的担心，另一方面是对数据存储在不受企业自身控制的数据中心的担心。前者是个技术问题，后者是个产业环境问题。

(4) 整合的困难。一是企业内部的应用与 SaaS 系统的整合；二是 SaaS 提供商之间的流程整合。在面向服务和架构(service-oriented architecture，SOA)的大环境下，跨组织边界的流程整合已经成为一种趋势，但是很遗憾，SaaS 提供商这方面做的还远远不够，封闭的、孤立的系统充斥着整个市场。

2.1.4　SaaS 的发展前景

业内普遍认为 SaaS 发展的阻力来自四方面：文化问题、安全问题、软件厂商本身的问题、政府的支持。根据我国实际情况再加“两个观念”：即不愿付费使用软件的观念和不愿将关键数据部署在别人服务器上的观念。我国国民知识产权意识淡薄是不争的事实，尤其对于计算机软件，可以说根本没有付费使用的概念，当需要使用某个软件时，第一反应肯定是找破解版。本书作者走访了几十家小企业，他们的回答几乎无一例外地印证了这一猜想，要动员他们每个月花费一定的费用使用软件较为困难，这就是观念瓶颈。因此，不愿付费使用软件的观念是当前制约 SaaS 模式发展的主要因素之一。

令人欣慰的是，这一点正在慢慢改变，随着新财富力量的登台，可以预计会有越来越多的企业主动愿意为企业信息化、为软件使用付费，不过这个增长的速度是缓慢的，可能要 10 年或者更长时间才能真正影响我国软件企业的生存状况。那么广大软件企业在当前应该如何利用 SaaS 打一个翻身仗？如何设计 SaaS 模式下的新型软件呢？一个理想的 SaaS 服务应具有如下特征。

(1) 业界标准化的流程。流程是确定的，至少在某个行业内是确定的。如果流程是企业特有的，甚至是企业的竞争优势之一，它就不应该是 SaaS 的。

(2) 适中的复杂度。比 E-mail 复杂一些，比企业资源计划(enterprise resource planning，ERP)简单一些。

(3) 低实时性要求。SaaS 应用的用户应该能够忍受几分钟的延时，同时不在意短时间掉线。因此，不要指望把生产线控制这样的系统做成 SaaS。

(4) 不太强的安全需求。虽然如雨后春笋般涌现的网上银行系统从技术上证明互联网的安全性其实不像人们想象的那么难以控制，但是市场的忧虑始终无法在短时间内消除，最终用户的安全意识也有待进一步提升，事实证明安全问题大部分是由于人而不是软件系统导致的。更进一步，企业的某些数据对安全性的要求确实比网上银行的个人用户更高，而且对这些关键性的数据，绝大部分企业都希望完全掌控在自己手中。

(5) 基于互联网的应用。例如，客户关系管理系统(customer relationship management，CRM)的使用者是销售人员，他们是一群频繁出差的人，需要的就是随时随地只要有网络就能使用的应用程序。当然我们也有很多手段去把企业内部的应用暴露到互联网上，但是由企业自身去实现这种基础设施级别的应用成本相对高昂。

(6) 低整合性需求。在 SOA 快速发展的今天，整合成本已经在往低处走，SaaS 还是尽量回避比较好。

基于上述问题，CRM 无疑是最适合走 SaaS 路线的应用之一，这也与目前市场现状完全吻合。人力资本管理系统(human capital management，HCM)也是很好的选择之一，而 ERP 则是最不适合 SaaS 的。

2.2　SaaS 的定义和特性

2.2.1　SaaS 的定义

SaaS 是 software-as-a-service(软件即服务)的简称，是随着互联网技术的发展和应用软件的成熟，而在 21 世纪开始兴起的一种完全创新的软件应用模式。2000 年，在 Bennett 等发表的面向服务软件相关论文中，最早提出了 SaaS 的概念[6]。2006 年，Chong 等提出 SaaS 具有“软件可部署为托管服务，并通过互联网存取”的特性，并首次提出了 SaaS 的四级成熟度模型，为 SaaS 概念的进一步明确、SaaS 的设计原理和方法提供了理论依据[7]。SaaS 与按需软件(on-demand software)、动态服务器主页(active server pages，ASP)、托管软件(hosted software)具有相似的含义。它是一种通过互联网提供软件的模式，厂商将应用软件统一部署在自己的服务器上，客户可以根据自己实际需求，通过互联网向厂商订购所需的应用软件服务，按订购的服务多少和时间长短向厂商支付费用，并通过互联网获得厂商提供的服务。用户不用再购买软件，而改用向提供商租用基于 Web 的软件来管理企业经营活动，且无须对软件进行维护，服务提供商会全权管理和维护软件。软件厂商在向客户提供互联网应用的同时，也提供软件的离线操作和本地数据存储，让用户随时随地都可以使用其订购的软件和服务。对于许多小型企业来说，SaaS 是采用先进技术的最好途径，它消除了企业购买、构建和维护基础设施和应用程序的需要。近年来，SaaS 的兴起已经给传统套装软件厂商和平台软件厂商带来真实的压力，同时，社会化软件大开发就是以 SaaS 为基础，它是时代发展的必然产物。

在这种模式下，企业不再像传统模式那样花费大量投资用于硬件、软件、人员，而只需要支出一定的租赁服务费用，通过互联网便可以享受到相应的硬件、软件和维护服务，享有软件使用权和不断升级，这是网络应用最具效益的营运模式。企业采用 SaaS 服务模式在效果上与企业自建信息系统基本没有区别，但节省了大量用于购买 IT 产品、技术和维护运行的资金，且像打开自来水龙头就能用水一样，方便地利用信息化系统，从而大幅度降低了中小型企业信息化的门槛与风险。

同时，服务提供商通过对大规模的客户收取一定服务费用，一方面来达到软件的最大利用率，另一方面降低频繁的客户现场实施和维护费用，将更多的精力投入到技术及服务质量上，更好地通过有效的技术措施保证每家企业数据的安全性和保密性。

一段时间以来，尽管业界和研究者对云计算以及 SaaS 的定义有不同看法，但美国国家标准技术研究所(National Institute of Standards and Technology，NIST)于 2009 年 7 月提出并发布的定义已经被广泛接受。2011 年 9 月，NIST 对云计算的定义被正式发布为标准(SP800-145)。云计算的五个基本特征分别是：按需服务特征、宽带访问特征、资源池化特征、快速扩展特征、服务度量特征。云计算的三种服务模式分别是：基础设施即服务(infrastructure- as-a-service，IaaS)模式、平台即服务(platform-as-a-service，PaaS)模式和 SaaS 模式。云计算的四种部署模式分别是：私有云模式、公有云模式、社区云模式、混合云模式。标准中 SaaS 的定义是：供客户使用并由服务商提供的软件运行在云基础设施上，这些软件可通过各种客户端访问，并通过 Web 浏览器、Web 电子邮件等瘦客户端界面来实现应用。在这种模式中，客户可以在服务提供商的限制下根据需要配置应用软件的功能，但不需要管理或者控制底层的基础设施，包括网络、服务器、操作系统、存储设备等。

从定义可以看出，SaaS 是指将软件的功能作为服务向外发布的一种模式。在这种模式下，人们不再需要购买软件许可，而是购买软件提供给用户的服务，以完成企业生产管理的需要。在这种应用模式下，人们逐步认识到软件不仅仅是一种实体意义下的产品，还可能以服务的形式为企业增值。人们对软件可以作为服务提供的认识和接受程度被进一步强化。

2.2.2 SaaS 的特性

与传统软件相比，SaaS 软件更依赖于基础设施。不论从技术角度还是商务角度都拥有与传统软件不同的特性，具体表现在以下几方面。

(1) 可重复使用的特性。

SaaS 是根据客户的需要灵活提供(或定制)软件服务。服务使用过程中可对服务使用量进行度量和计费。这些服务是可重复使用的，在不考虑硬件等其他资源的情况下，服务可无限制地为用户提供。

(2) 可快速伸缩的特性。

SaaS 具有快速实现为不同需求用户提供服务的能力。在某些应用场景中，SaaS 提供的服务可以快速地横向扩展，为客户提供大规模的功能定制服务。对于客户来讲，SaaS 的服务能力看起来好像可无限地使用，并可在任何时间、购买任何数量。

(3) 互联网特性。

SaaS 是通过互联网为用户提供服务的，通过浏览器、客户端等形式来实现，这使 SaaS 具有了互联网技术的特点。此外，SaaS 大大缩短了用户与服务提供商间的时间和空间距离，从而使得 SaaS 的营销和交付模式不同于传统软件。

(4) 多租户特性。

SaaS 通常是基于一套标准的、功能强大的软件为不同的租户提供服务。这要求 SaaS 必须支持多个租户之间的数据隔离和配置的隔离保存，由此保证每一个租户的数据都是安全且隐私的，以及用户对软件界面、业务流程、数据结构等的个性化需求。由于 SaaS 具有同时支持多个租户的要求，这对支撑软件的基础设施有很高的要求。

(5) 按需服务特性。

SaaS 是一种以互联网为载体的服务提供模式，可根据不同用户的需求提供服务，前提是软件中已经预设这些服务和功能，否则必须通过演化才能实现。同时，还必须充分考虑服务使用计量、服务质量等问题。

SaaS 是通过互联网以服务的形式交付客户使用的软件模式。在这种模式下，软件使用者(客户)无须购置部署软件的硬件设备、该软件的许可证，也不需要考虑软件的安装和维护等问题，只要通过互联网浏览器就可以在任何时间、任何地点使用这些服务。

2.3 SaaS 应用分析

从企业应用的角度来看，SaaS 本质上是在用互联网思维颠覆传统软件。SaaS 是互联网发展的大趋势，将逐步被用户所接受并取代传统软件，这个过程需要三个支撑条件：①云计算基础设施和技术发展；②通过互联网和移动互联网普及培养用户思维和习惯；③企业的信息化效率和成本等约束倒逼企业逐步接受 SaaS 服务。当然 SaaS 服务与传统软件一样，都以解决业务需求为根本目的。

2.3.1　SaaS 与传统软件应用比较

表 2.1 列出了 SaaS 与传统软件的具体比较内容。

表 2.1　SaaS 与传统软件的应用比较

SaaS 应用服务	内容
SaaS 应用服务是一套系统	SaaS 应用是一个复杂的过程，企业中不同专业的组织需要不同的信息化支撑开展业务，注定了 SaaS 应用服务需要多个功能进行支撑，支持按照企业发展阶段和时间要求、认识程度、轻重缓急上不同的信息化功能，但肯定是一个系统而不是一个单一的功能。不同行业也有不同行业版本以适应个性化的需求，不同行业有不同信息化的重点
支持多租户应用	一个 SaaS 应用要服务成千上万的企业，而这些企业都是随机动态加入的，没有规律，如何让这些企业透明地使用 SaaS 服务，而感觉不到其他企业的存在，也不受其他企业的影响，一个企业的数据别的企业无法看见，这就是 SaaS 平台支持多租户的隔离问题
弹性动态的负载群集能力(云基础设施支撑)	作为提供企业服务的 SaaS 应用，用户进入是随机增加的，要长远地提供服务和发展壮大，需要弹性动态可扩展的负载群集能力，保证高峰期用户的可用性，同时保证不断增长的用户需求
应用定制能力	SaaS 应用要具备以下三个层次的定制能力：①要具备租户自己在一定范围内的配置能力，如数据字典、界面布局、流程修改、组件化组装选择等；②对于复杂的需求，能够运用平台提供的基本配置工具完成较为复杂的已有功能的配置；③对于 SaaS 没有提供的功能，如果租户需要，要能在短时间内快速开发出所需要的功能组件，放入供租户使用
自动升级和持续服务	在传统软件模式下，企业想获取新特性一般要做升级实施，甚至要全部重新实施，这个过程往往需要支付高昂的升级服务费(更坏的情况是，一旦期间企业对软件进行了二次开发，供应商可能再无法为其提供升级服务)。而使用 SaaS，企业却可以永久地随时获得服务商更新的最新特性，而无须支付任何额外费用。企业还可获得大数据挖掘所带来的价值和行业对标的服务
数据安全保障	SaaS 有集中统一的存储、备份、恢复、加密、防火墙、运营监控管理等技术措施和专业强大的运维团队，有严格运维的制度保障，企业的数据安全更有保障
稳定和高效服务	SaaS 软件为保证所有企业租户的稳定和高效应用，一般要采取双重集群部署、负载均衡，在性能监控和技术投入上往往要远高于企业自身的投入水平，因而服务能够得到更稳定的性能保障

从应用角度来看，传统软件技术成熟、用户认知度高，但具有初期投入大、维护成本高、应用服务固定单一以及安装维护程序复杂等缺点；SaaS 服务作为新兴事物，具有投入成本少、安装操作和维护便捷、产品服务版本更新快、可以实现个性化定制以及付费方式灵活等优点，但同时存在数据安全、监管待完善、标准缺失等问题，随着行业逐步发展完善，这些问题有望逐步得到解决。从销售方式来看，传

统软件品牌先导；而 SaaS 服务是以“用户运营为主，市场品牌为辅”的策略，更加看重产品本身的价值和用户口碑塑造，解决用户的需求和痛点，依托互联网为用户提供满意的产品和服务，借助用户口碑传播沉淀品牌，找到真正的价值用户，如图 2.1 所示。

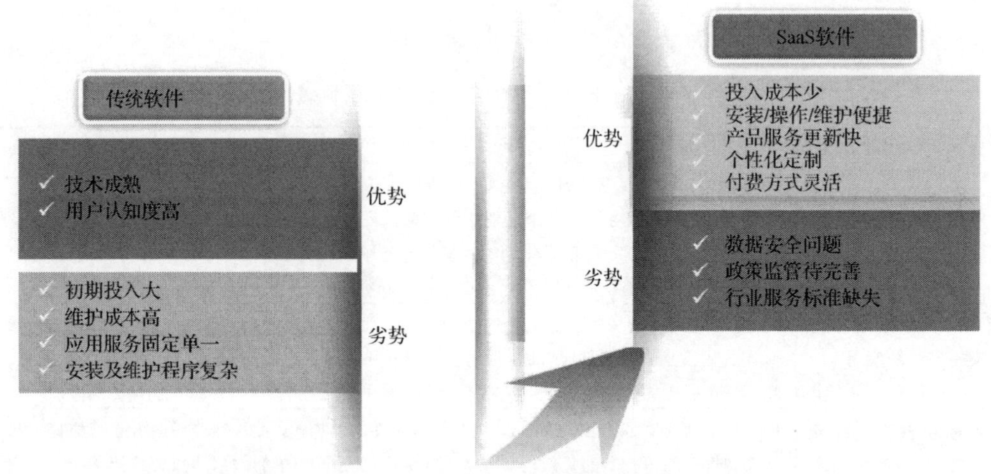

图 2.1　传统软件与 SaaS 软件优劣势比较图

2.3.2　从 SaaS 到互联网+

SaaS 顺应了互联网+思维，共享服务是 SaaS 的本质，SaaS 服务代替企业完成基础设施以及应用程序的购买、建造和维护工作，然后按流量或者使用时间对客户企业进行计费，从而获得营业收入。人与企业间的互动由于 SaaS 的诞生变得更为顺畅准确。数据的自由流动是 SaaS 云平台的优点，信息壁垒的破除有助于提升信息资源共享和利用效率。智能认知有望借助平台数据与商业智能的结合来实现，从而进行更有效的分析预测，创造更多的社会价值。因此，SaaS 服务是一种互联网+思维下的服务模式变革，具有互联网+的共享、互动、流动、认知特征，如图 2.2 所示。

用户采用 SaaS 模式，可以免去初期的大额建设成本以及后期的维护运营成本，同云计算一样，服务商以更低的建设成本、运营成本能够让双方实现共赢。SaaS 使众多中小型企业有能力获得 IT 资源服务，服务商也能通过提供服务获得更为持续稳定的现金流，有利于稳步扩张。同时，基础设施及应用的统一管理使服务商在提供服务的同时能获得大量用户反馈，有利于自身的改进，提升整个 SaaS 产业的发展水平。

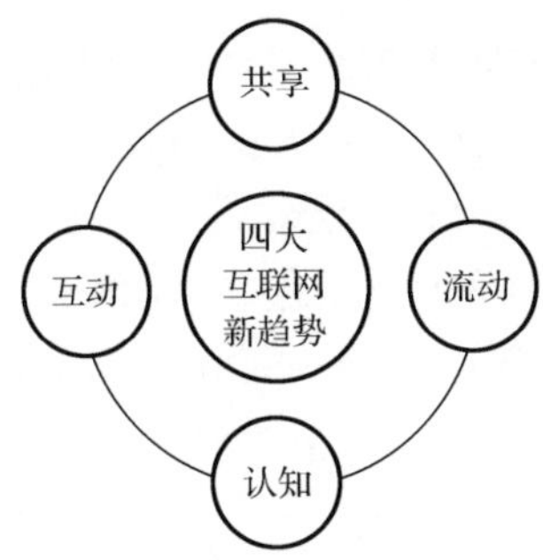

图 2.2　SaaS 的互联网趋势图

2.4　SaaS 理论研究综述

2.4.1　SaaS 理论研究

目前，针对 SaaS 的理论研究还处于起步阶段，研究主要集中在软件工程方法、可定制特性、软件演化、流程和服务配置、安全性、数据存储模式等领域。其中，SaaS 的软件工程方法是最基础的研究领域，主要集中在传统软件向 SaaS 软件迁移的方法和快速 SaaS 开发理论方法等方面。由于采用传统软件开发理论和方法同样可以指导 SaaS 的开发过程，所以这方面的研究并未受到太多的重视。功能定制技术是 SaaS 的关键技术之一，一直以来都是制约 SaaS 广泛应用和深入推广的瓶颈。传统的方法很难解决 SaaS 服务流程、数据隔离和功能定制等问题交织在一起的复杂定制，但目前这方面已经取得了一些研究成果。罗小利等在《SaaS 软件服务基于大规模定制的业务逻辑框架研究》[8]中提出了一种针对动态个性化的业务流程定制的框架，但未就框架的运行机理进行深入研究。赵宇晴等在《SaaS 流程可配置模型的研究与实现》[9]中提出了一种流程配置模型，深入分析了约束和规则的类型和方法，但未给出形式化推理过程，不能证明其有效性和合理性。昌中作等在文献[10]中提出了解决多租户数据结构的框架和方法，从数据层给出定制的解决方案，但未进行形式化研究。同时，一些学者用 Petri 网、自动机、进程代数、Pi 演算等工具对 SaaS 的相关技术进行了形式化研究，并且已经取得了一些成果，这些成果主要集中在服务流程定制、形式化建模和验证等方面[11-13]。

2.4.2　SaaS 演化研究

目前，SaaS 演化方面的研究尚不多见，远没有形成体系。王淑营在文献[14]中对 SaaS 平台的自适应演化问题进行了研究，主要解决功能演化层面的问题，提出了功能模块的自适应演化过程和方法，但是未深入研究功能演化引起的流程变更问题，且还做不到自适应演化。刘士群等在文献[15]中提出用两个运行版本逐步替换的方式解决演化问题，并研究了替换中可能出现的数据依赖问题和可能带来的性能下降问题，提出了目前相对较完整的 SaaS 演化方案，但未进行验证研究，需要进一步解决细节问题。周亮等在文献[16]中研究了 SaaS 流程演化问题，文章主要针对预定义的 SaaS 流程进行匹配和优化，并解决了模型膨胀带来的效率问题，该研究本质上属于 SaaS 功能和流程定制问题，对于预先未定义好的功能和流程则无法进行演化，更无法优化。

因此，SaaS 是将软件的功能作为服务向外发布的一种模式，其在理论研究方面还没有形成完整的体系就进入市场且被广泛应用，使得一些基本理论和技术问题在实际应用过程中才逐步地暴露出来。因此，SaaS 演化的研究将会面临两方面的问题：一方面是如何解决新建设系统的可演化性问题，以便从根本上提高 SaaS 的演化能力；另一方面是如何解决遗留系统的演化问题，以适应 SaaS 的高质量用户体验要求。尽管业界和研究者已经就这些问题开展探索和研究，但还没有从根本上解决问题，未形成完整的理论体系。

2.5　服务演化研究现状

SaaS 是将软件的功能作为服务向外发布的一种模式，服务是 SaaS 的主要表现形态之一，所以综述服务演化研究现状对研究 SaaS 的演化问题具有重要意义，服务演化的研究现状和前期成果将对本书起到基础支撑和指导作用。服务演化是服务计算研究中的重要问题之一，研究者主要关注服务在体系结构和设计等阶段的演化问题。研究的热点和重点内容主要包括：服务演化的形式化建模、服务演化的模型验证和分析等。但随着研究工作的深入，服务的动态演化问题受到学者越来越多的关注，是目前研究的热点。服务演化的现有研究工作及成果主要有以下几方面。

2.5.1　服务的静态演化

服务的静态演化是指服务从原版本变为新版本的问题，这个过程通常是通过修改或升级来实现的。主要的应用场景是：在停机状态下，系统的维护和二次开发；在软件开发过程中，如果对当前结果不满意，可以回退重复以前的步骤，这本身也是一次静态演化。目前这方面的研究主要集中在模型层面，研究的主要挑战在于修改服务的同时如何保持服务的正确性[17]。同时，服务的静态演化必须研究服务演化之前和之后版本之间是否兼容，即判断演化后的服务版本替换演化前的服务版本后是否可以对其他服务透明的问题[18-20]。需要注意的是，服务是否可以被替换或修改是受到全局约束的。

从实现方式和粒度来看，静态服务演化主要包括：基于过程和函数的演化、面向对象的演化、基于构件的演化、基于体系结构的演化等[21]。基于过程和函数的演化是在服务加载时刻的隐含调用，由编译系统来完成对动态链接库(dynamic link library, DLL)的加载和卸载工作，运行时刻的显示调用则是由编译者使用应用程序编程接口(application programming interface, API)函数来加载和卸载 DLL 实现对 DLL 的动态调用；面向对象的演化是在设计系统时，可以为对象提供一个代理对象，在运行软件时，任何访问该对象的操作都必须通过代理对象来完成[22]。当一个对象调用另一个对象时，代理对象首先取得调用请求信息，然后识别被调用对象的类版本是否更新，如果已经更新则重新装载该类并替换被调用对象。基于构件的演化是在现有构件的基础上对其进行修改，以满足用户的新需求，根据构件的组成，构件的演化主要包括信息演化、行为演化和接口演化三种类型。信息演化是给构件增加新的内部状态；行为演化是在保持构件对外接口不变的情况下，修改构件的具体功能，重新实现构件的内部逻辑；接口演化则是要对构件的接口进行修改，包括增加、删除和替换原构件的接口。基于体系结构的演化是从系统框架发生变化的时间来进行划分的，软件体系结构演化可以分为以下四个阶段：设计时的体系结构演化，运行前的体系结构演化，安全运行模式下的体系结构演化，运行时刻的体系结构演化[23]。

服务的静态演化的优点是在更新过程中，不需要考虑系统的状态迁移和活动线程问题；缺点是停止应用程序意味着停止系统所提供的服务，使软件暂时失效。

2.5.2 服务的动态演化

服务的动态演化是在服务静态演化的基础上，还需考虑如何将服务的变化动态地实现到正在运行的服务实例上[21]，这是一种软件的动态演化技术。目前的研究成果大多数集中在服务动态演化的过程定义上，学者提出了如何使用实例迁移机制来实现动态演化的问题，即将正在运行的服务实例动态地迁移到演化后的版本上继续执行[24-26]。服务的实例迁移还必须保证迁移之后不会发生一些错误[27, 28]。从技术角度来看，服务的动态演化技术的一种实现途径就是：在一些成熟的主流技术和标准基础上引入动态演化需求的支持。尽管目前出现了一些相关的研究成果，但仍存在不少问题。

动态演化是指软件在执行期间的软件演化。优点是软件不会存在暂时的失效，具有不间断服务的明显优点，但由于涉及状态迁移等问题，比静态演化从技术上更为错综复杂，包括动态更新、增加和删除构件、动态配置系统结构等问题，它已经成为软件演化研究领域备受关注的一个热点问题。动态演化平台根据动态演化内容和系统正确性约束生成动态演化策略。动态演化策略描述了实现动态演化的具体步骤。在动态演化本身合法的前提下，动态演化策略必须保证系统在动态演化期间和动态演化后处于正常运行状态，这就是在动态演化期间的系统一致性。动态演化必须保证系统一致性。动态演化平台依据动态演化策略，通过监控构件的行为和状态实现动态演化。由于在动态演化的实施过程中，系统仍然处于运行状态，所以必须尽可能提高动态演化的性能，减小对系统的影响。在动态演化技术中，演化是分层次的，在不同的演化层次上，以不同的粒度为演化形式。低层次的演化技术是高层次演化的基础，由低向高逐层构造了一个层次分明且相互关联的动态演化技术体系。演化的层次基本有函数层次、类层次、构件层次以及体系结构层次。

2.5.3 Web 服务演化

Web 服务演化介于动态优化和静态优化技术之间，其研究集中在模型和代码方面。模型方面主要对服务的控制流进行研究，对数据流方面的研究涉及不多[29]；代码方面主要集中在流程编写代码，这些代码主要由开发人员通过手动实现，而此方法主要依赖开发人员的个人主义，缺乏正确性原则的指导，这使得代码修改过程中会引入一些致命的错误。

Web 服务演化是指服务在交付使用之后，为适应环境变化、持续满足用户需求，而经历的一系列变更的过程[30]。为了控制服务的演化过程，服务开发者需要明确服务为何需要变更、变更的影响范围、如何实施演化等问题。由于 Web 服务动态、异构、自治的特点，且系统所集成的服务往往来源于不同的组织，Web 服务的演化相比传统软件的演化面临更多挑战。

不同于传统软件的演化，Web 服务的演化所带来的最大挑战是其自治、异构、跨组织的特点，且实现细节对服务双方而言是透明的，因此 Web 服务的演化更具复杂性[31]。针对不同的研究角度，对 Web 服务演化的研究内容可以进行不同的分类，根据服务演化产生的影响及其连锁反应可以将演化分为浅演化和深演化。浅演化是指演化的影响范围局限于服务自身，或者影响严格限制在该服务的客户端程序[32]。浅演化一般涉及服务接口的改变，更多地考虑服务演化后的兼容性问题。深演化是指服务演化的影响范围不局限于它的客户端程序，而是可能传播到一个服务链。深演化主要关注服务非功能属性的变化，以及服务再组合工程实践需求的改变。根据演化内容可以将演化分为三类：结构性演化、行为演化、服务策略演化[33]。结构性演化是指服务的数据类型、消息、操作的变化；行为演化是指业务协议的变化；服务策略演化是指在策略及服务约束方面的变化，如对服务质量的约束、服务执行的价格、敏感数据的隐私策略等方面的改变。根据演化生命周期可以将演化大致分为演化需求分析、演化影响分析、演化实施三个阶段。在对 Web 服务进行持续渐进的演化过程中，需要引入面向演化的服务生命周期模型，首先应该识别演化原因且明确演化需求，然后进行演化影响分析，最后实施演化。

2.5.4 服务组合演化

虽然目前的研究主要是采用实例迁移方法实现服务的动态演化[34]，但对实例是否可迁移的问题考虑不足，研究者只考虑了服务演化过程的问题，对于可迁移性问题很少涉及，使得实施过程中会引起实例迁移的错误。此外，尽管目前的一些研究成果已经考虑以上问题，但对服务组合、编排问题却考虑不足。服务的组合演化、编排问题已有一些研究成果，主要集中在服务组合演化算法、服务调用等方面。

在服务组合的动态演化方面，已经有很多研究成果，较为全面地总结了常见的服务组合演化类型，并提出了面向演化的服务生命周期方法学以应对演化带来的特殊要求，并对服务(包括组合服务)在演化过程中所产生的各个不同版本的一致性问题进行了研究。服务编排层面的动态演化也取得了一些成果，在用户需求改变的条件下，服务组合实例必须进行迁移以满足用户新的需求，此时问题的关键在于求出一个合适的目标状态，从而可以充分利用已执行部分的结果。首先要给出目标状态的判定标准，并给出求解目标状态的算法。服务编制层面的服务组合动态演化还需要考虑数据流对服务组合实例可迁移性的影响。在工作流研究领域，工作流动态演化问题得到了较为广泛的关注，避免工作流实例迁移时所引入的动态演化错误，限定演化前后的工作流模型必须满足继承关系(继承关系是借助于分支互模拟来定义的)，虽然可以避免引入动态演化错误，但是不能处理演化前后的工作流模型不满足继承关系的情形。通过比较变化前后的工作流模型，找出工作流模型中所有发生了变化的区域。只有当工作流实例不在变化区域里执行的时候，才允许工作流实例的迁移，这种方法可以避免动态演化错误，然而在该方法中，某些工作流实例可能不能在工作流模型发生演化的第一时间进行迁移，从而使得这些工作流实例不能立即享受到流程演化所带来的好处。

2.5.5 软件在线演化

软件的变化可能发生在编译时、装载时或运行时等软件生命周期的各个阶段[35]。服务演化实质上是一种在线演化技术，因为服务的变化是发生在运行时。在线演化技术主要研究软件在运行阶段的变化问题，在线演化还没有统一的定义。目前，软件的自适应问题[36, 37]、软件的动态适应问题[38]和软件的自组织问题[39]等方面已经取得一些研究成果，这为在线演化提供了基础。文献[40]指出：在线演化是在不中断运行程序的前提下进行程序的升级，要求程序必须持续不中断地运行是在线演化的最根本标志。

软件服务的在线演化是为了提高软件系统适应需求的能力，在不中断其所提供服务的前提下，自动或借助外部动态指导发生的软件改变活动。这里，不中断是指对使用者而言，软件系统所提供的服务持续在线；借助外部动态指导则强调了整个在线演化过程中人作为不可或缺的因素参与其中；改变活动主要包括软件功能和结构等方面的改变，例如，对软件体系结构拓扑及其元素(构件、连接子等)的修改活动。定义中没有显式定义非功能属性演化，因为其一般会触发功能、结构等的演化。在线演化是一种运行时演化，其面向的是网络环境中的大规模分布式系统，更强调整个系统层面上服务持续在线这一特征，而不强求系统所有成分都必须持续运行。此外，与软件维护通常由专门的维护人员来实施不同，在线演化动作既可以由第三方驱动，也可以由软件系统主动实施，如依据某些预定义的规则。

2.6 SaaS 与 SOA 的比较

SaaS 是一种软件服务提供模式，而 SOA 是面向服务的体系结构。尽管两者在概念上有很大区别，但都是围绕“服务”来构造系统的共同特点使它们有很多的可比性。SOA 关注架构，而 SaaS 关注应用。SaaS 可以像任何服务一样被传递，而 SOA 则有严格的规则约束。SOA 支持的服务都是些离散的可以再使用的事务处理，这些事务处理合起来就组成了一个业务流程，是从基本的系统中提取的抽象代码。SOA 是一个框架的方法，而 SaaS 是一种传递模型，通过 SaaS 传递服务并不需要 SOA。从用户角度来看，SaaS 主要是指一个软件企业向其他企业提供软件服务，而 SOA 一般是企业内部搭建系统的基础。SaaS 关注的是提供服务的内容和方式，而 SOA 关注的是服务之间的逻辑关系。SOA 和 SaaS 的比较如表 2.2 所示。

表 2.2 SOA 和 SaaS 的比较

内容	SOA	SaaS
SOA 标准支持情况	支持	支持。还支持其他标准
数据库	普通模式：增加信息服务，能使用传统数据库管理系统	弹性模式：与存储紧密集成，改变传统数据库
自定义	可连接不同服务	通过元数据自定义
多租户架构	不支持。通常一个应用对应一套代码	支持。关键特性，通常多个应用对应一套代码
可扩展性	不支持	支持
运行时架构和基础设施	支持 WSDL、XML 等 SOA 标准，支持发布、分布、组合、开发、监控的体系结构	事件驱动和数据为中心的体系结构，支持容错和并行处理，新型的数据库设计和文件系统
执行过程	支持服务工作流，顺序和并行	数据驱动，并行，分布式和自主计算
动态资源分配	可能用到	关键特性，适应性控制和动态扩展
模型化	服务、工作流模型	自定义、扩展性模型，复杂的 SaaS 和 PaaS 集成

2.7　SaaS 服务演化与 Web 服务演化比较

目前，Web 服务演化方面的理论研究较多，并且已取得了一些成果，这些成果主要体现在 Web 服务的描述、组合和编排等方面。SaaS 是一种软件服务的提供模式，Web 服务演化方面的研究成果将为研究 SaaS 服务演化提供重要参考，但二者有着很大区别。SaaS 与 Web 的服务演化主要有以下区别。

(1) Web 服务演化的研究主要关注于服务的组合模式方面，研究如何对服务进行修改，实现服务组合演化的一致性问题。而从服务演化的角度来看，SaaS 主要关注服务的内部结构，研究如何修改服务，并在修改过程中保持服务内部和服务之间的一致性。此外，Web 服务演化主要关注服务的聚合问题，而 SaaS 关注服务应对需求变化的适应能力。

(2) Web 服务演化主要处理的是服务接口等内容的描述问题，而 SaaS 服务的结构描述、服务变化等问题比 Web 服务更复杂。从二者处理对象的不同可以看出，Web 比 SaaS 更加"松耦合"，而 SaaS 需要更多的灵活性和适应变化的能力。

(3) Web 服务演化中的一致性处理问题非常复杂。Web 服务演化中需要分析服务描述中的语法一致性问题，以保证 Web 服务演化后能够正确地执行。而 SaaS 服务演化的前提条件是假设每一个 SaaS 服务是已知的，演化前后的一致性问题关注点在需求变化层面，只要保障需求变化前后的整体一致性就可以。因此，在一致性要求方面，Web 服务演化比 SaaS 服务演化更加复杂。

综合上述分析，SaaS 服务演化与 Web 服务演化有着很大的区别。本书的研究内容需要借鉴 Web 服务演化中的相关技术路线与研究成果，充分考虑 SaaS 与 Web 在服务演化方面存在的本质差异，结合实际应用背景，对 SaaS 服务演化方法进行深入研究。

2.8　本 章 小 结

本章首先分析了目前 SaaS 市场及应用的情况，追溯 SaaS 概念的来源并给出目前被广泛认可的标准定义(SP800-145 标准)。通过与传统软件模式的比较，得出 SaaS 的五个特性，即可重复使用、可快速伸缩、互联网、多租户、按需服务，为深入研究 SaaS 服务演化提供基础。其次从服务演化、SaaS 演化、形式化方法等方面对 SaaS

的理论研究现状进行综述，深入分析了与本书研究内容相关领域的研究进展情况和前人所取得的成果。最后通过比较给出 SaaS 与 SOA 的不同点，以及 SaaS 服务演化与 Web 服务演化的本质区别。

通过本章综述为本书后续章节的深入研究提供了良好的基础。尽管 SaaS 具有巨大的商业价值，并已经在一些领域展开应用，但其在理论研究方面还存在不足，特别是对 SaaS 服务演化的研究还远未成熟。因此，开展本书的研究内容是必要且迫切的，并具有很大的实用价值和意义。

第 3 章　形式化工具及扩展

Pi 演算作为一种经典的形式化建模工具，是“移动”的进程代数，被广泛应用于并发和动态的系统建模。Pi 演算适合于描述进程的动态变化过程，对形式化软件演化过程有一定的优势，特别是其互模拟理论已经比较成熟，可用于演化前后系统的变化情况的描述、建模和验证。但利用 Pi 演算完成 SaaS 服务演化的建模还略显不足，需要根据实际应用的需要进行适当扩展，使其能够更加简洁、准确地描述演化和推演过程。

OWL-S 是用于描述服务功能、服务结构、服务接口标准的框架，非常适合用于描述 SaaS 服务的功能需求，并且可以通过 OWL-S 到 Pi 演算的映射实现需求到演化的过渡。OWL-S 同样需要进行适当扩展，使其能支持演化和动态性，以便更好地描述 SaaS 服务的需求和演化过程。

3.1　Pi 演算

Pi 演算[41]是 Milner 在进程代数(calculus of communication on system, CCS)基础上提出的，以进程间的移动通信为研究重点的并发理论。其基本计算实体是名字和进程，进程之间的通信是通过传递名字来完成的。Pi 演算相对于 CCS 的一个改进是它不仅可以传递变量和值，还可以传递通道名，这使 Pi 演算具有建立新通道的能力。所以，它特别适合用来描述分布式的、耦合的并发系统。对于 Pi 演算的研究工作已经开展多年，一方面集中在 Pi 演算本身的理论研究，如 Pi 演算的互模拟等价性等；另一方面是用它来建模其他领域的并发或分布式系统。下面简要介绍 Pi 演算的语法、操作语义和相关理论。

3.1.1　基本概念

在 Pi 演算中，名字(name)是最基本的实体单位。与 CCS 不同，Pi 演算中的消息、消息值、通道名和进程名等不进行区别，一律作为名字来处理。给定一个由无穷多个名字组成的集合 N 表示 Pi 演算的名字空间，名字空间的补名字集合表示为 $\bar{N}=\{\bar{a}\mid a\in N\}$。它们的并集 $N\cup\bar{N}$ 记为 Act，并称为标号集合[42]。

Pi 演算中的进程是由前缀表达式和进程表达式组成的。下面分别给出前缀表达式和进程表达式的定义。

定义 3.1　通常用 a 表示 Pi 演算表达式的通道，用 x 表示通道的消息，用 P 表示进程。Pi 演算有三种前缀表达式，分别表示如下：

(1) $\overline{a}<x>\cdot P$ 表示一个输出前缀表达式，表示进程从通道 a 发出消息 x 之后再执行进程 P；

(2) $a(x)\cdot P$ 表示一个输入前缀表达式，表示进程从通道 a 接收消息 x 后再执行进程 P；

(3) $\tau\cdot P$ 表示一个哑前缀表达式，表示进程无须执行任何动作就可以直接执行进程 P。哑前缀表达式一般用于表示进程外部不可见的内部动作。通常用符号 τ 表示执行进程的内部动作，例如，τ_A 表示执行进程 A 的内部动作。

定义 3.2　Pi 演算进程表达式的集合 P 由如下语法表示：

$$P::=0\mid a\cdot P\mid P_1+P_2\mid P_1\mid P_2\mid(\vee x)P\mid[x=y]P\mid A(y_1,\ y_2,\cdots,\ y_n)$$

其中，

(1) P 表示进程表达式，0 表示空进程，表示该进程不执行任何活动；

(2) 前缀表达式 $a\cdot P$ 是进程行为的基本形式，表示进程先执行活动 a，然后执行 P；

(3) 和表达式 P_1+P_2 表示选择执行进程 P_1 或者 P_2；

(4) 并行表达式 $P_1\mid P_2$ 表示并行执行进程 P_1 和 P_2，其中 P_2 在端口 $\overline{x}$ 上的输出活动可与 P_2 在端口 x 上的输入活动同步，$P_1\mid P_2$ 因而产生 τ 动作的演化；

(5) 匹配表达式 $[x=y]P$ 表示当 x 和 y 是同一个名字时，进程行为与 P 相同，否则为 0 进程；

(6) 限制表达式 $(\vee x)P$ 表示约束名字 x 的使用范围被限制在 P 内，相当于在 P 内新建一个名字 x；

(7) $A(y_1,\ y_2,\cdots,\ y_n)$ 是进程 A 的过程表达式，其中 $y_1,\ y_2,\cdots,\ y_n$ 是进程 A 中自由名字的集合。

Pi 演算的名字空间 N 中的所有名字可以按照使用范围来分类，分为自由名集合和受限名集合，定义如下。

定义 3.3　$\mathrm{fn}(P)$ 表示进程 P 中的自由名集合，$\mathrm{bn}(P)$ 表示进程 P 中的受限名集合。可以按照如下定义递归得到：

(1) $\mathrm{fn}(0)=\phi$；

(2) $\mathrm{fn}(\overline{a}<x>\cdot P)=\{a,x\}\cup\mathrm{fn}(P)$；

(3) $\mathrm{fn}(a(x)\cdot P)=\{a\}\cup\mathrm{fn}(P)$；

(4) $\mathrm{fn}((x)P)=\mathrm{fn}(P)-\{x\}$；

(5) $\mathrm{fn}([x=y]P)=\{x,y\}\cup\mathrm{fn}(P)$；

(6) $\mathrm{fn}(P\mid Q)=\mathrm{fn}(P)\cup\mathrm{fn}(Q)$；

(7) $\mathrm{fn}(P+Q)=\mathrm{fn}(P)\cup\mathrm{fn}(Q)$；

(8) $\mathrm{bn}(a(x)\cdot P)=\{x\}$；

(9) $\mathrm{bn}(\overline{a}<x>\cdot P)=\varnothing$。

定义 3.4　在 Pi 演算中的两个进程 P 和 Q 是结构同余的，记作 $P\equiv Q$，如果两个进程满足：

(1) $P\,|\,0\equiv P$；

(2) $P\,|\,Q\equiv Q\,|\,P$；

(3) $P\,|\,(Q\,|\,R)\equiv(P\,|\,Q)\,|\,R$；

(4) $P+0\equiv P$；

(5) $P+Q\equiv Q+P$；

(6) $P+(Q+R)\equiv(P+Q)+R$；

(7) $(x)0\equiv 0$；

(8) $(x)(P\,|\,Q)\equiv P\,|\,(x)Q$，　$x\notin \mathrm{fn}(P)$；

(9) $(x)(P+Q)\equiv P+(x)Q$，　$x\notin \mathrm{fn}(P)$；

(10) $(x)[u=v]P\equiv[u=v](x)P$　if $x\neq u$ and $x\neq v$；

(11) $(x)(y)P\equiv(y)(x)P$。

定义 3.5　动作集合 Act 上的一个标号迁移系统是一个二元组(Q,T)，其中，

(1) Q 是一个状态集合；

(2) T 是一个三元关系，通常称为迁移关系，表示为 $T\subseteq(Q\times \mathrm{Act}\times Q)$。如果 $(q,a,q')\in T$，则记为 $q\xrightarrow{a}q'$，q 和 q' 分别表示该迁移的起点和终点。

3.1.2　操作语义

Pi 演算是使用迁移关系来实现进程间的规约操作的，表示一个进程执行某个动作后变为另外一个新进程的能力[43]，包括如下推理规则。

规则 3.1　前缀操作语义：

$$\text{pre:}\quad \frac{-}{x\cdot P\xrightarrow{a}P}$$

其中，x 表示三种前缀表达式，所以该规则表示 $x\cdot P$ 进程在经过 a 动作后就可以演化成进程 P。

规则 3.2　和式操作语义：

$$\text{sum:}\quad \frac{P\xrightarrow{a}P'}{P+Q\xrightarrow{a}P'}$$

该规则表示如果进程 P 在完成操作 a 后演变成进程 P'，则进程 $P+Q$ 在完成操作 a 后同样可以演变成进程 P'。

规则 3.3　并行操作语义：

$$\text{par: } \frac{P \xrightarrow{a} P'}{P \mid Q \xrightarrow{a} P' \mid Q}, \quad \text{bn}(a) \cap \text{fn}(Q) = \phi$$

该操作规则表示如果进程 P 在完成操作 a 后演变成进程 P'，且 a 中的受限名不出现在进程 Q 的自由名中，则进程 $P|Q$ 在执行操作 a 之后可以演变成 $P'|Q$。

规则 3.4　联合操作语义：

$$\text{com: } \frac{P \xrightarrow{a(x)} P', Q \xrightarrow{a<u>} Q'}{P \mid Q \xrightarrow{\tau} P'\{u/x\} \mid Q'}$$

该规则表示若进程 P 在通道 a 上能接收名字 x 后演变成 P'，进程 Q 在通道 a 上能发送名字 u 后演变成 Q'，则 $P|Q$ 能够在内部发生同步动作，即执行 τ 操作后演变成 $P'\{u/x\}|Q'$。

规则 3.5　匹配操作语义：

$$\text{match: } \frac{P \xrightarrow{a} P'}{[x=y]P \xrightarrow{a} P'}$$

该规则表示如果进程 P 在完成操作 a 之后能演变成进程 P'，则 $[x=y]P$ 进程经过操作 a 后也能演变成进程 P'。

规则 3.6　限制操作语义：

$$\text{res: } \frac{P \xrightarrow{a} P'}{(x)P \xrightarrow{a} (x)P'}, \quad x \notin a$$

该规则表示如果进程 P 在完成操作 a 之后能演变成进程 P'，并且 $(x)P$ 的内部通道 x 不属于 a，则限制表达式 $(x)P$ 也能在操作 a 之后演变成进程 $(x)P'$。

规则 3.7　开放操作语义：

$$\text{open: } \frac{P \xrightarrow{\bar{a}<x>} P'}{(x)P \xrightarrow{a(x)} P'}, \quad x \neq a$$

该操作表示名字 x 在 P 中为受限名，但可以通过通道 a 将其传到外部进程，从而使 a 的受限范围扩大到外部进程。

3.1.3　行为观察理论

Pi 演算中的核心问题之一是进程的等价性问题，即在什么条件下两个表达上不同的进程可以被视为等价进程。Pi 演算中常见的等价有互模拟等价、测试等价等。

对这些语义上的等价关系是可以建立相应的公理系统来进行刻画的，也可构造出相应的验证算法。本书主要用到 Pi 演算的行为观察理论。

Pi 演算的行为观察理论是用来判断两个进程是否在外部行为上等价的方法。假如两个进程的外部行为是相同的，则可以用其中一个进程替代另外一个进程。行为观察理论是 Pi 演算得到广泛应用的关键。互模拟理论是 Pi 演算等价理论的重要组成部分，下面给出互模拟的定义。

定义 3.6　二元关系 $\mathfrak{R}$ 是互模拟的，当且仅当 $\mathfrak{R}$ 是对称的，并且如果 $P\mathfrak{R}Q$ 且 $P\xrightarrow{a}P'$，则存在一个 Q 满足 $P'\mathfrak{R}Q'$，并且 $Q\xrightarrow{a}Q'$。

Pi 演算中的互模拟又分强互模拟和弱互模拟。如果两个进程是一个强(弱)互模拟关系，则称这两个进程为强(弱)等价。

进程间的强互模拟要求进程的内部动作和外部动作要一致，而弱互模拟中的两个进程只要求在外部看来其行为是一致的，这时两个进程可能存在不同的内部动作。但是在实际应用中，我们关心更多的是两个进程从外部看是否具有相同的行为。

3.1.4　Pi 演算建模示例

用 Pi 演算描述订单发货系统，该系统负责处理用户提交的订单，然后根据库存给用户发货并改变订单状态。

Request(请求)通道：订单请求，传送订单引用、货物代码和数量。

Cancel(取消)通道：取消订单，传送订单引用。

Withdraw(取货)通道：传送货物代码和数量。

Deposit(入库)通道：传送货物代码和数量，其中数量大于 0。

ref：reference 订单的引用。

prd：product 货物代码。

amt：amount 货物数量。

假设每个订单只包含对一件货物的需求(货物代码、数量)，下面以同一货物的入库与发货为例，如图 3.1 所示。

$$C_{p,\mathrm{actor}}=\overline{\mathrm{request}}\langle\mathrm{ref},\mathrm{prd},\mathrm{amt}\rangle\cdot\overline{\mathrm{cancel}}\langle\mathrm{ref}\rangle\cdot\overline{\mathrm{deposit}}\langle\mathrm{prd},\mathrm{amt0}\rangle\cdot C_{p,\mathrm{actor}}$$

$$C_{p,\mathrm{order}}=\mathrm{request}(\mathrm{ref},\mathrm{prd},\mathrm{amt})\cdot(\mathrm{cancel}(\mathrm{ref})+\overline{\mathrm{withdraw}}\langle\mathrm{prd},\mathrm{amt}\rangle)\cdot C_{p,\mathrm{order}}$$

系统用户 Actor：包括管理员(administrator)和顾客(customer)，管理员通过 Withdraw 通道执行存货事件；顾客通过 Request 通道发送订单请求，通过 Cancel 通道发送取消订单请求。

Order 进程专门处理订单，订单共有 none(无)、pending(待解决的)、invoiced(完成的)三种状态。该进程如果从 Request 通道接到订单请求，则生成一张新订单；如果从 Cancel 通道接到取消订单的要求，则修改订单状态；如果订单合法，则通过 Withdraw 通道与 Stock 进程通信，进行取货，修改库存量和订单状态，如图 3.2 所示。

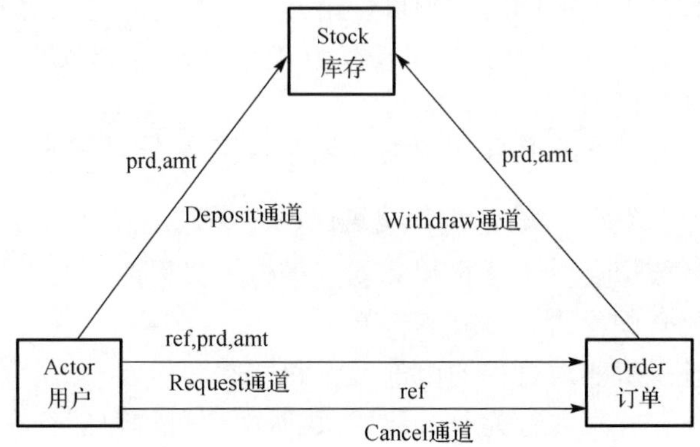

图 3.1　Pi 演算建模入库和发货示例

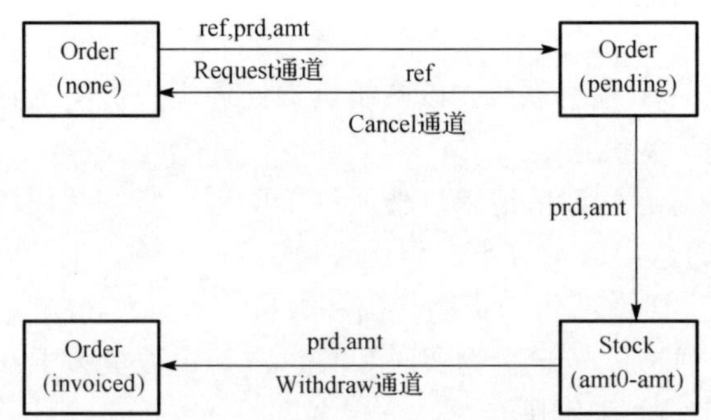

图 3.2　Pi 演算建模 Order 进程示例

Pi 演算建模 Stock 进程示例如图 3.3 所示，将 Stock 进程按存货和取货展开(其中系统用户有管理员和顾客)。

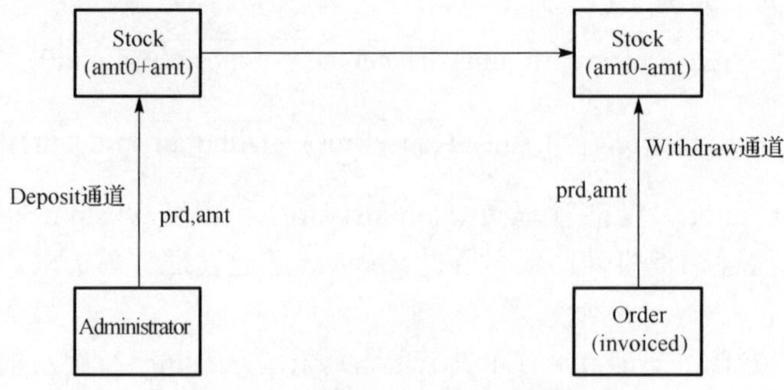

图 3.3　Pi 演算建模 Stock 进程示例

3.2　扩展 Pi 演算

3.2.1　操作符

Pi 演算是在进程代数的基础上发展起来的，并能够描述和验证并发系统。其基本计算实体由名字构成，且通过传递名字来实现进程间的通信。可以用 Pi 演算来形式化地描述 SaaS 服务需求、流程和服务演化过程，但是经典 Pi 演算[44]缺乏在非功能性方面对服务演化的表达能力，如执行时间、可靠性、执行概率等。为此对 Pi 演算进行扩展，加入非功能性特征元组。

经典 Pi 演算中的活动 a 可扩展为形如（a，c）$\in$ Act 的活动。其中，$a ::= \overline{x} < y > | x(y) | \tau$ 表示活动；c 是一个表示非功能特征元组的集合，集合的元素是该活动的非功能属性，同时可推广到 Pi 演算的前缀定义中。

(1) $(\overline{x} < y >, c) \cdot P$ 称为输入前缀表达式，表示进程在端口 x 输出名字 y，然后执行 P，c 为该活动的特征元组；

(2) $(x(y), c) \cdot P$ 称为输出前缀表达式，表示在端口 x 输入任意名字 y，然后执行 P，c 为该活动的特征元组；

(3) $(\tau, c) \cdot P$ 称为哑前缀表达式，表示执行哑动作 τ，然后执行 P，c 为该活动的特征元组。

扩展后的 Pi 演算对标号迁移系统也需要重新定义。

3.2.2　标号迁移系统

Pi 演算可基于标记转移系统来描述其操作语义，迁移的表达形式为 $P \xrightarrow{a} Q$，其中 P 和 Q 为进程。扩展后的操作语义的形式为 $P \xrightarrow{(a,c)} Q$，$(a,c) \in \text{Act}$ 是活动集合中的一个元素，表示进程 P 经过活动 $(a，c)$ 后迁移为进程 Q。

定义 3.7　扩展标号迁移系统(extended labeled transition system)定义为二元组 LTS=$<S, \pounds>$，其中，

(1) S 是状态的集合；

(2) $\pounds$ 是一个三元关系，通常称为迁移关系，表示为 $(S \times \text{Act} \times S) \subseteq \pounds$，迁移关系记为 $s \xrightarrow{(a,c)} s'$。

Pi 演算是通过执行相应的活动使系统发生变迁的，与系统变迁的活动相关联的特征元组只是描述该活动的需求特征，不影响执行顺序。因此，扩展后的标记转移系统涉及的操作语义都不需要证明，可以直接使用。

3.2.3 约束和归属关系

经典 Pi 演算的语法简洁，但在具体应用中会存在一些局限性。特别是用 Pi 演算来描述交互问题和协作问题时，Pi 演化在描述服务间的交互行为和协作行为时显得不足。通过深入分析 SaaS 服务的特点，可对 Pi 演算进行以下语义扩充。

定义 3.8 名字空间 N 上的归属关系是一个二元关系，用符号“$\circ$”表示，即 $a \circ b$ 表示名字 a 归属于名字 b。

归属关系的引入可以描述进程与子进程的归属问题。例如，$i \circ S_i$ 表示进程 i 归属于进程序列 S_i，使服务之间的关系可以分层次讨论[45]。操作符“$\circ$”的优先级高于其他所有操作符[46]。

定义 3.9 条件约束关系扩展通过引入符号“$[\theta]$”来描述进程变迁的条件约束，其中 θ 为变迁的条件表达式，可以看作匹配表达式 $[i=j]P$ 的扩展，即 $[\theta]P \supset [i=j]P$ [47]。

条件约束 $[\theta]$ 的引入可以看作对 Pi 演算前缀定义中 $[x=y]P$ 的广义扩展[48,49]，前者可以表达比后者更广泛的条件，即二者的关系可以表达为：$[\theta]P$ 包含 $[x=y]P$。

3.3 OWL-S

3.3.1 基本概念

OWL 是 Web 环境下面向服务的本体描述语言[50]，OWL-S 是描述 Web 服务的本体[51]。万维网联盟(world wide web consortium, W3C)于 2004 年发布了 OWL 的推荐标准《OWL——Web 本体语言指南》，该标准描述了 OWL 的三大功能，分别是：通过定义类及类的属性对某个领域进行形式化描述；定义个体并说明个体之间的关系；定义后的类和个体可以进行逻辑推理。OWL-S 是通过 Web 本体描述语言从多个角度描述服务内容，提供了规范的 Web 服务描述框架。OWL-S 是一门面向服务的本体 Web 语言，又名 Web 服务本体语言，通过语义网络中的基于 OWL 的框架描述语义 Web 服务，它使得用户和软件代理商能够在相关规范下自动地发现、调用、编写和管理网络资源以提供服务。OWL-S 是一种无二义性的描述，通过对语义信息的标识实现了计算机对服务内容的自动解释，并支持自动调用服务、发现服务、服务之间互操作、服务编排及组合等任务。

OWL-S 的发展主要针对以下几项任务。

(1)服务自动寻找：随着基于语义的网络技术快速发展，互联网中出现大量的为用户提供的服务，OWL-S 按照相应规范自动寻找到针对用户需求的服务提供给软件代理商。

(2)服务自动调用：通常情况下，通过本身的网络服务描述语言(web services description language，WSDL)描述编写一个特定的程序调用服务是很有必要的，OWL-S 将为软件代理商自动阅读服务的输入和输出描述，并调用服务提供可能。

(3)服务自动组合及交互操作：当需要实现一个涉及各个服务协调调用的复杂的服务时，OWL-S 将按一定的方式协助对网络中服务的组合和交互操作。

OWL-S 定义三个基本组件，即服务配置文件(service profile)、服务过程模型(process model)和服务基础(service grounding)，分别表示服务的轮廓、服务的过程模型和服务的支持。服务的轮廓负责描述的是服务能力；服务的过程模型用来描述服务之间的交互过程；服务的支持负责描述服务的具体信息格式。

(1)服务配置文件：服务配置文件用于描述服务做什么，这个信息主要提供给用户阅读，其中包括服务的名称和描述，以及在适用性、服务质量、服务发布商联系信息上的限制。

(2)服务过程模型：服务过程模型告诉客户如何使用该服务，通过详述请求中的语义内容、在各种条件下会发生的结果，引导着流程进行。也就是说，描述了如何调用服务以及服务调用后的结果。

(3)服务基础：服务基础详细说明了一个代理人将如何访问服务，通常情况下会制定一个通信协议、消息格式以及如用于联系服务的端口号等其他信息。此外，在服务模型中每一个输入/输出的语义都将在服务模型中被详细描述。

3.3.2　基本语法

一个 OWL-S 描述文件由三部分组成：服务配置文件、服务过程模型和服务基础。

1. 服务配置文件

服务配置文件主要描述了服务可以做什么，它主要包含三方面信息：服务提供者的信息，如服务提供者的联系方式；服务的功能信息，主要包含服务请求参数、输出参数、前置条件和所产生的效果；服务特性描述，包括服务所属的分类描述、服务质量(quality of service, QoS)信息描述，它提供了一种描述服务特性的机制，也可以由服务提供者自己定义。

服务配置文件的主要特点是具有双向性，服务提供者可以用配置文件描述服务的功能，服务请求者也可以用配置文件描述所需服务的需求。这样服务发现时，服务匹配器可以利用这种双向的信息进行匹配。服务配置文件支持各种各样的注册模式，如基于通用描述、发现与集成服务(universal description discovery and integration，UDDI)的注册模式。当在某一个服务供不应求这种特殊的情况下，根据服务配置文件双向性的特点，可以建立服务请求的注册中心，对每一个请求进行注册的注册模式。这种注册方式的 UDDI 是相反的，但它也可以完全支持。同时，对于对等网络(peer to peer, P2P)，没有统一的注册中心，但是服务配置文件也可以完全支持。

2. 服务过程模型

服务过程模型主要描述了如何与一个服务进行交互，它通过服务提供者描述了服务的内部流程。一个服务(service)通常被称为一个过程(process)。过程分为三类：原子过程(atomic process)、复合过程(composite process)、简单过程(simple process)，如表 3.1 所示。

表 3.1　过程分类表

服务过程名称	说明
原子过程	不可再分解的过程，可以直接被调用。每一个原子过程都必须提供一个基础信息，用于描述如何去访问这个过程
复合过程	由若干原子或者复合过程构成的过程。一个复合过程有一个或者多个控制结构(control construct)。控制结构定义了复合过程中每个子过程的执行顺序。 OWL-S 中定义的控制流共有 6 种：Sequence、Split、Split-Join、Repeat-While、Choice、Repeat-Until
简单过程	一个抽象概念，它不能被直接调用，也不能与服务基础绑定。当需要查看一个服务的内部细节时，可以将这个服务定义成简单过程。一个原子过程可以实现一个简单过程，但一个复合过程只可以看作一个简单过程

类似于程序设计语言中的相应概念，在 OWL-S 中也包含 Inputs、Outputs、Preconditions、Effects 等概念。Inputs 和 Outputs 是指服务的请求参数和输出元素，可以看作数据的转换；Preconditions 和 Effects 是指服务的前提条件和效果，即服务执行前应满足的条件和服务执行后实际产生的效果，可以看作状态的改变。OWL-S 中可以定义条件式输出和效果，即只有在某种条件满足的情况下，输出和效果才能产生。

3. 服务基础

服务基础主要描述服务细节，它涉及服务的具体规范。它需要描述服务访问的协议、端口、消息格式等。在 OWL-S 中，由于没有定义描述服务具体信息的规范，同时，因为通过 WSDL 描述服务的技术已十分成熟，所以其选择采用 WSDL 来描述具体的消息信息。

OWL 中的主要元素包括 class、property、instance，即类、类的属性和类的实例，有时还包括实例间的关系。

owl:Thing 是 OWL-S 的根类，所有个体和类都是它的成员。所以，用户自定义类时都被默认为 owl:Thing 的一个子类。

具名类是指某个特定领域的根类，用 named class 表示。空类是无内容的类，用 owl:Nothing 表示。每个类被分为两部分：类的名称和类的限制列表。类的表达式可用于限制实例，实例是所有限制的交集。而个体定义为类的成员，表示为 individual。

属性是表示某个类成员的一般情况，或者表示某个个体的具体情况，表示为 properties，且属性是一个二元关系。

本书用到的 OWL 语法主要参照 W3C 的推荐标准《OWL——Web 本体语言指南》中的定义，在此不进行详细描述。

3.3.3　结构描述

OWL-S 的控制结构类型确定控制结构中包含的原子进程的执行顺序，主要有以下几种控制结构。

(1) 顺序控制结构，由标签<process:Sequence>表示，如图 3.4 所示。

```
<process:Sequence>
  <list:rest>
   <process:Perform rdf:ID="A1" />
  </list:rest>
  <list:first>
   <process:perform rdf:ID="A0" />
  </list:first>
</process:Sequence>
```

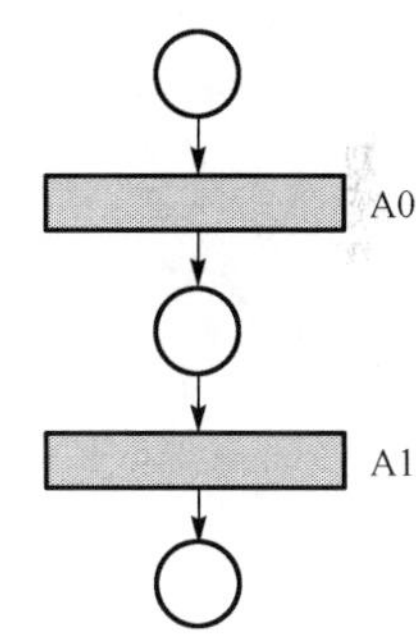

图 3.4　顺序结构描述图

(2) 同步并行控制结构，由标签<process:Split-Join>表示，如图 3.5 所示。

```
<process: Sequence >
  <list:rest>
   <list:rest>
    <process:Perform rdf:ID="A3" />
   </list:rest>
   <list:first>
    <process:Split-Join>
     <list:rest>
      <process:perform rdf:ID="A2" />
     </list:rest>
     <list:first>
      <process:Perform rdf:ID="A1" />
     </list:first>
    </process:Split-Join>
   </list:first>
  </list:rest>
  <list:first>
   <process:Perform rdf:about="A0" />
  </list:first>
</process: Sequence>
```

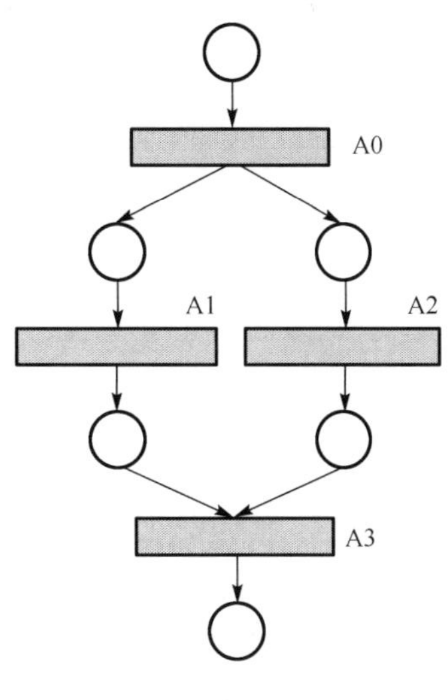

图 3.5　同步并行结构描述图

(3) 并行控制结构，由标签<process:Split>表示，如图 3.6 所示。

```
<process:Sequence>
  <list:rest>
    <process:Split>
     <list:rest>
      <process:perform rdf:ID="A2" />
     </list:rest>
     <list:first>
      <process:Perform rdf:ID="A1" />
     </list:first>
    </process:Split>
  </list:rest>
  <list:first>
   <process:Perform rdf:about="A0" />
  </list:first>
</process:Sequence>
```

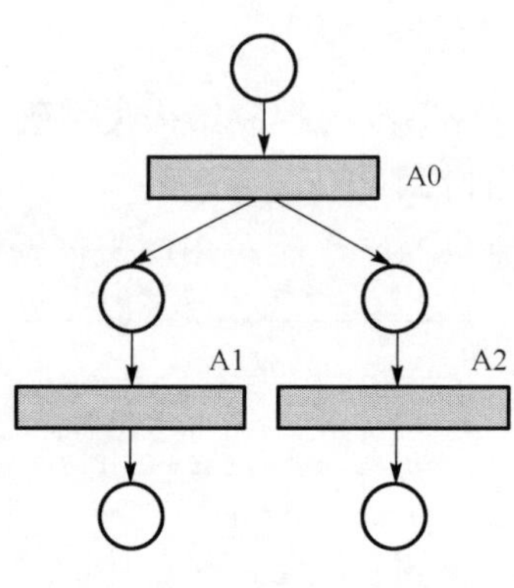

图 3.6　并行结构描述图

(4) 选择控制结构，由标签<process:Choice>表示，如图 3.7 所示。

```
<process: Sequence >
  <list:rest>
   <process:Choice>
    <list:rest>
     <process:perform rdf:ID="A2" />
    </list:rest>
    <list:first>
     <process:Perform rdf:ID="A1" />
    </list:first>
   </process:Choice>
  </list:rest>
  <list:first>
   <process:Perform rdf:ID="A0" />
  </list:first>
</process: Sequence>
```

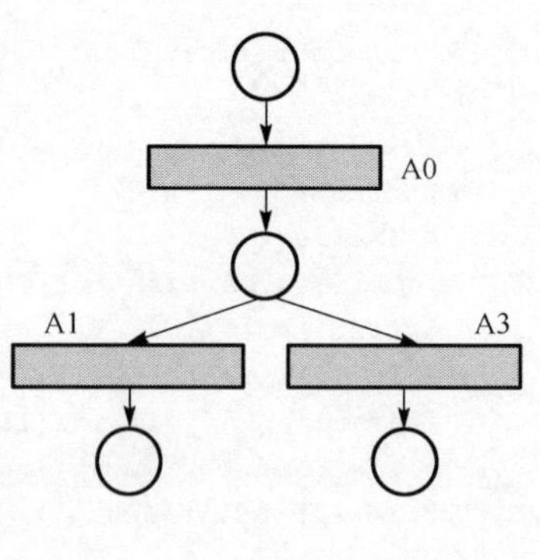

图 3.7　选择结构描述图

(5) While 循环控制结构，由标签<process:Repeat-While>表示，如图 3.8 所示。

```
<process:Sequence>
  <list:rest>
   <process:Perform rdf:ID="A1" />
  </list:rest>
  <list:first>
   <process:Repeat-While>
    <process:Object Property
rdf:ID="while Condition" />
    <process:while Process>
     <process:Perform rdf:ID="A0" />
    </process:while Process>
   </process:Repeat-While>
  </list:first>
```

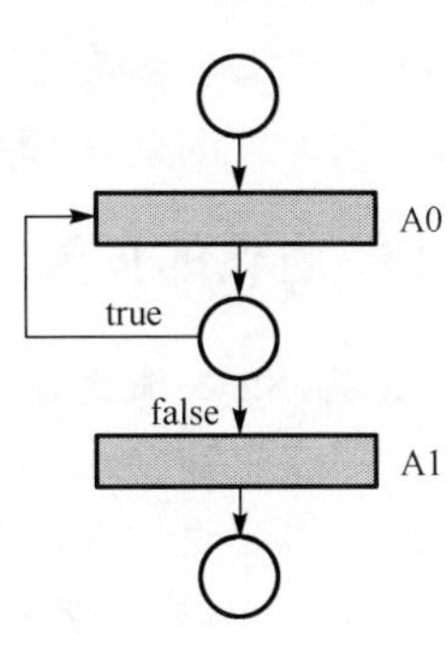

图 3.8 While 循环结构描述图

(6) Until 循环控制结构，由标签<process: Repeat-Until>表示，如图 3.9 所示。

```
<process:Sequence>
  <list:rest>
   <process:Perform rdf:ID="A1" />
  </list:rest>
  <list:first>
   <process:Repeat-Until>
    <process:Object Property
rdf:ID="until Condition" />
    <process:until Condition>
     <process:Perform rdf:ID="A0" />
    </process:until Condition>
   </process:Repeat-Until>
  </list:first>
</process:Sequence>
```

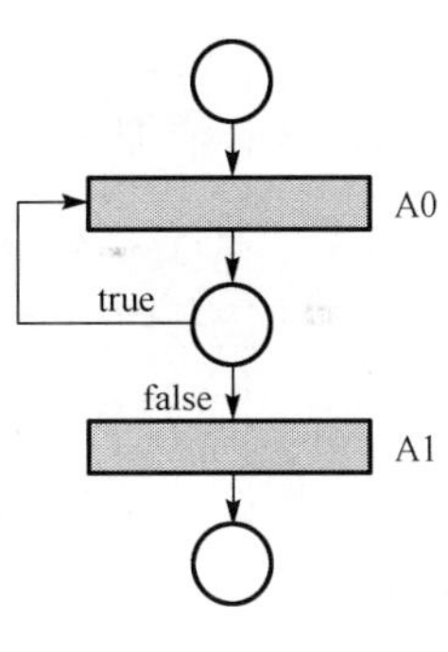

图 3.9 Until 循环结构描述图

以上控制结构标签使用子标签<list:first>和<list:rest>控制原子进程的执行顺序，<list:first>和<list:rest>标签使用<process:Perform>子标签表示控制结构中包含的原子进程。

3.4 扩展 OWL-S

采用 OWL-S 描述服务演化过程还存在一些不足，主要表现在缺少对服务的响应时间、消耗度、可靠度、价格等因素的考虑和描述，对于流程声明方面也存在不足，尤其是流程声明，这使得 OWL-S 在描述服务时对服务信息的描述仍然不够全面，不能正确有效地反映与服务相关的动态性特征，这在很大程度上限制了 OWL-S 的服务描述能力。因此，需要对 OWL-S 支持演化和动态方面进行扩展。

3.4.1 支持演化的扩展

OWL-S 为 SaaS 服务演化的需求描述提供了一个基本框架，但在支持演化方面还需要进行扩展，需要准确描述演化什么内容，演化发生在哪里，演化如何发生等内容。因此，需要对 OWL-S 进行相应的扩展。

定义 3.10 OWL-S 为支持 SaaS 服务演化的需求描述进行语法扩展，包括演化位置和演化内容描述的扩展。

(1) 增加演化位置描述的扩展。当采用 OWL-S 描述 SaaS 服务演化的需求规约时，文档中演化发生的具体位置需要被描述，可定义两种演化的位置。首先是定义控制位置，描述增加、删除和替换的具体位置，语法描述示例如下：

```
rdfs:ComProcess[@rdf: id="CP1"]
rdfs:PerformProcess[@rdf: id="Step1"]
```

其次是数据结构的具体位置，描述数据结构变化的发生位置，如数据结构的输入、输出参数需要增加、删除或修改时，具体位置可被描述。语法描述示例如下：

```
rdfs:ComProcess[@rdf: id="CP1"]
rdfs:InputProcess[@rdf:id="I1"]
```

(2) 增加演化内容描述的扩展。演化位置一般由连接点组成，这些连接点是由 SaaS 服务需求中的需求过程构成的，演化过程中插入、删除和替换的操作需要数据绑定重定义。语法描述示例如下：

```
<owl:Vrdf:id="evolutionPoint">
<rdfs:comment>
…//描述演化内容
</rdfs: comment>
</owl:Vrdf>
```

3.4.2 支持动态的扩展

规范的 OWL-S 由三个组件构成，其中服务轮廓组件 ServiceProfile 和服务模型组件 ServiceModel 包含了大部分静态语义。而服务支持组件 ServiceGrounding 只是提供了服务需要用到的协议和数据类型，用于表示服务之间的调用和访问，不需要扩展语义。因此，为了描述 SaaS 服务的非功能需求，本书将从 ServiceProfile 和 ServiceModel 两个组件中对 OWL-S 进行必要的动态扩展。

1. 增加动态子类

可以通过定义一个动态子类 DynamicSubClass 来描述服务的动态信息。

定义 3.11　动态子类是一个五元组 DynamicSubClass(D，D_Max，D_Min，D_Avg，D_Ch)，其中，D 表示 Class 的一个具体属性；D_Max 表示该属性的最大值；D_Min 表示该属性的最小值；D_Avg 表示该属性的平均值；D_Ch 表示该属性的变化幅度。

动态子类 DynamicSubClass 的属性会随着需求的变化而改变，如执行时间、安全性、可靠性等。

2. 扩展动态过程

OWL-S 过程主要包括输入、输出、条件和结果四部分，分别表示为 Input、Output、Precondition、Effect。增加 OWL-S 过程的动态性就是对条件和结果进行扩展，引入限制条件的描述，将条件和结果用限制条件来表示，忽略在描述具体服务时候的区别。

Precondition 是表示确保 OWL-S 过程顺利执行的条件，是由条件组成的一个有限集合，可假设 x、y 为其中的条件元素，并将 Precondition 定义为满足某个条件 x 的状态。Effect 可表示 OWL-S 过程顺利执行后得到的结果，也是由条件组成的一个有限集合，可假设 m、n 为其中的条件元素，表示 OWL-S 过程顺利执行后满足的条件，并将 Effect 定义为满足条件 m 情况下的状态。

通过动态扩展过程，把 Precondition 和 Effect 扩展成为在一定条件下的状态属性。

3.5 本章小结

Pi 演算能够形式化地描述和验证并发系统的进程代数，适合作为研究 SaaS 服务演化的形式化工具，但需要进行适当扩展。通过对经典 Pi 演算进行操作符、标号迁移系统、约束和归属关系的扩展，使其能够更加简洁、准确地支撑 SaaS 服务演化的研究。OWL-S 是基于 OWL 的用于形式化描述服务的一个框架，适合用于描述 SaaS 服务的功能需求。同样需要进行扩展，包括支持演化的扩展和支持动态的扩展。

本章给出形式化工具的基本定义，并根据研究需要进行扩展研究，为本书后续研究工作打下基础。

第 4 章　SaaS 服务演化概念框架

云计算环境下的 SaaS 软件比传统软件更加复杂，具有可重复使用、可快速伸缩、互联网、多租户、按需服务等特性，对已有的软件演化理论提出新的要求，必须通过深入分析这些特性提出对应的研究思路和解决方法。本书中用到的服务、需求等名词的内涵与传统概念有所区别，需要进一步明确，并给出形式化定义，为后续研究提供基础保障。

为了深入探索 SaaS 服务演化的本质，把问题化繁为简，本章以整体论的思想方法为指导，采用先把问题高度抽象，再逐步求精的研究思路，建立需求驱动的 SaaS 服务演化概念框架，并完成概念框架实现方法的顶层设计。下面从宏观层面上研究问题，为本书后续研究提供基础。

4.1　SaaS 特性分析

SaaS 是一种新的软件模式，除了有传统软件的基本特征，还具有可重复使用、可快速伸缩、互联网、多租户、按需服务特性。这些特性使 SaaS 的演化过程变得更加复杂，需要新的解决思路和理论方法支撑。研究软件演化通常要解决的核心问题是演化决策、演化使能和演化实现等。演化决策是指由谁、以何种方式来驱动演化；演化使能是指如何使软件具备运行时可改变的能力；演化实现是指如何利用这种能力来实现演化过程，从而提升其可信性和适应需求的能力。表 4.1 给出了 SaaS 特性与软件演化分析表，分析 SaaS 特性对演化提出的要求及对应解决的思路。

表 4.1　SaaS 特性与演化分析表

SaaS 特性	演化决策	演化使能	演化实现
可重复使用	由软件自身决定	运行时不可改变	演化结果传播
可快速伸缩		需具备流程和服务动态演化的能力	演化结果传播，建立优化库
互联网		运行时不可改变	发布服务并实现服务演化
多租户	由租户驱动，管理员控制	需具备租户隔离机制	提供一种流程演化方法
按需服务	由租户驱动	需具备演化验证和检测能力	提供增量式的服务演化方法

通过表 4.1 的分析，演化需要解决的问题中部分问题是由软件设计和开发阶段实现的，并且在演化过程中可能是无法改变的，这些问题在本书中不深入描述。分

析表明，SaaS 服务演化问题需要新的研究方法和思路进行解决，下面给出 SaaS 特性在服务演化过程中需要考虑的问题。

(1) 通过建立一个概念框架来描述互联网、多租户和按需服务环境下的演化过程。以租户的需求为演化决策，先利用形式化工具定义该演化需求，驱动流程和服务的演化，完成验证和检测，实现演化结果传播。

(2) 抽象演化的粒度，降低演化过程的复杂度。把 SaaS 软件的功能抽象为 SaaS 服务，使研究 SaaS 软件演化问题转化为 SaaS 服务演化的问题。

(3) 面向多租户的不同业务逻辑变化需求，以服务流程簇为基础，建立一种 SaaS 服务流程演化方法。并通过 SaaS 服务流程的不断演化和流程簇的优化，满足多租户的按需服务需要，实现 SaaS 服务的快速伸缩。

(4) 一个 SaaS 服务的运行实例可能同时被一个或多个租户使用，而 SaaS 服务的演化需求一般是由少部分租户提出。因此，需要在不影响无演化需求租户正常使用的同时，实现有演化需求租户的动态演化。增量式的 SaaS 服务演化方法是解决这个问题的途径之一。

在 SaaS 服务演化的五个特性中，可重复使用、可快速伸缩和互联网三个特性主要由软件自身决定，而多租户和按需服务特性主要由租户驱动决定。换言之，多租户和按需服务特性与 SaaS 服务演化过程具有更强的相关性，是 SaaS 服务演化的主要驱动力，因此，本书主要分析多租户特性。

多租户是 SaaS 软件的重要特性，这里的“租户”可能是用户也可能是应用程序，所有的用户和应用可以共享同一个基础架构和代码平台。与传统的单租户程序相比，多租户的设计是基于多个租户可以共享运行在同一套硬件平台之上的单个应用软件实例。多租户的设计使得快部署、低成本的理想成为现实。多租户 SaaS 软件是采用多租户设计思想进行设计、开发和运行的应用软件的总称。SaaS 软件的多租户特性使得 SaaS 服务在演化过程中需要考虑更多问题，例如，来自不同租户的需求变化驱动的服务演化，从而驱动数据管理模式、个性化功能定制、服务性能等进行演化。

(1) 多租户的数据管理模式。多租户的数据管理模式主要有三种：独立数据模式、共享数据模式和混合数据模式。独立数据模式是指每个租户单独用一个独立的数据集合(数据库或空间)来存储他们的业务数据。独立数据模式为每个租户提供一个单独的集合，优点是可以满足租户之间的个性化数据需求，以及数据之间的高隔离性，可以有效防止租户有意或者无意存取其他租户数据，数据安全性级别在这三种模式中是最高的。但是，由于数据库系统可以支撑的租户数量也是有限的，此时资源的共享程度相应的也是最低的。共享数据模式是指所有租户共同使用一个数据集合，但每个租户拥有各自不同的逻辑表集合，每个租户的数据存储在自己专属的数据表中，即不同的租户使用相同的数据集合不同的数据表，实例将为每个租户创建一套属于租户自己的数据表，租户将自身数据存在各自的表中，则可以满足租户的个性化数据要求。这种模式提高了资源的共享程度，并有一定程度的逻辑隔离，安全性也较好。在这种方式下，支持的租户数量大大增加。但是，这种存储方式首先数据库支持的表数目是有限的，导致应用实例支持的租户数量虽然相比独立数据库方式大大增加，但也是有限的。混合数据模式集合了前两种模式的优点，将具有公共特征的数据放到共享数据集合中，而具有个性特征的数据放到独立数据集合中，避免了资源浪费，同时提高了安全性。即把租户共享数据放在基本数据集合中，租户的个性化数据存放在扩展数据表中，支持租户数据模型任意扩展。但这种模式的设计和开发难度比较大。

从服务演化的角度看多租户的数据管理模式，需要针对不同的模式设计不同的演化路径和方法。

(2) 多租户的个性化功能定制。租户的个性化功能定制是 SaaS 软件的一个非常显著的特点。多租户特性就是希望利用多租户技术，使同一个服务实例可以满足各个租户的个性化功能定制需求，因此租户的个性化功能定制也是多租户的关键技术之一。目前，租户的个性化功能定制方式主要归结为两类：自助定制和选购定制。自助定制方式主要面向具有开发能力的租户，是指为租户提供一个平台环境，在平台上租户可以在服务实例中创建自己的功能，或者通过开放接口集成新的服务到自己的软件中。自助定制方式可以小到修改租户自己的商品属性，大到构建租户自己的服务。在平台中，开发者可以创建新的服务来扩展系统，或者添加一个字段修改商品属性。这种方式使租户能够做到自己的软件自己做主，具有高个性化，但是需要租户具有一定的专业知识和开发能力。选购定制模式主要面向非专业的租户，是指平台为租户提供一些已经开发好了的组件和服务，租户可以通过选购定制这些组件和服务来满足其个性化功能需求，如面向流程的定制、面向服务或功能的定制、界面的个性化定制。其中流程的个性化定制是指各个租户可以按照其特定的需求构建自己的业务流程；服务的个性化定制分为服务的选择和服务的配置，服务的选择是指业务流程运行时，可以按照租户自定制的规则从某一类服务中动态地选择一个具体的服务，服务的配置是指允许租户对某个具体服务的接口、功能等进行一定的修改；界面定制是指租户根据自己的需求对系统的页面显示进行定制，也称为界面个性化。

从服务演化的角度看多租户的个性化功能定制，主要考虑 SaaS 软件自身的演化使能问题，如服务运行时可改变能力和可验证能力。

(3) 多租户的服务性能。因为每个租户对性能要求不尽相同，所以为不同用户提供不同的性能级别是 SaaS 软件的设计目标之一，目前这一目标主要通过硬件资源的分配来实现，从软件角度设计一种为每个租户精确分配资源的准则有一定难度，目前主要在请求准入、恶意租户检测、资源劫持、基于性能管理等方面有一些应用。常用方法有：服务性能隔离、请求资源劫持和资源合理分配管理等。服务性能隔离是通过监测来发现过于活跃的租户，识别具有侵略性的租户，如果这些租户干扰了其他租户的性能，将提供一个异常报告，并通过性能隔离机制消除对其他租户的负面影响。该方法对所有租户都进行监视及资源访问控制，未加区分租户之间的不同，忽略了租户的限制，会影响系统整体性能的改进。请求资源劫持是在预知资源消耗的情况下设置请求处理时间阈值，或者在不预知请求资源消耗的前提下，通过设定请求处理时间和延迟时间来中断长期占用资源的请求，有效控制长期占用资源请求的处理时间，避免某个请求长期占用资源。但是造成系统响应慢的请求的优先级会越来越低，有可能总是被延迟，总是被新来的请求代替，则该请求会长期得不到响应。基于性能管理是将租户的请求映射到基础设施级的参数并考虑处理虚拟机的异构性，考虑客户的服务质量参数包括响应时间、活跃用户数等，以及考虑基础设施相关的参数，如服务的启动时间、网络带宽等。通过这些参数与所得监测数据的对比发现恶意租户，然后对恶意租户进行调整并进行系统的整体调度，以便维护系统的稳定。

从服务演化的角度看多租户的服务性能，主要考虑演化前后租户获得服务性能的变化情况，在保障服务性能不下降的前提下，寻找性能优化的策略。

下面将根据研究思路深入探索实现方法。首先给出研究 SaaS 服务演化所涉及的基本概念和定义。

4.2　SaaS 服务演化基本概念形式化描述

4.2.1　服务

本书的服务是指 SaaS 软件中可对外发布的、可独立运行的逻辑单元，也称 SaaS 服务。可将 SaaS 软件的业务功能抽象为服务，也可将 SaaS 软件提供的可被其他应用程序调用的接口抽象为服务。

定义 4.1　服务是一个四元组 $S=(I, O, B, D)$。

(1) I 是指服务接收消息的集合，也称为服务的输入消息集合，$I=\{m_1, m_2, \cdots, m_n\}$。

(2) O 是指服务发送消息的集合，或称服务的输出消息集合，$O=\{n_1, n_2, \cdots, n_n\}$。

(3) B 是指服务体，是一个可独立运行的逻辑单元，或者是下一个层次的子服务的集合。

(4) D 是服务的对外发布描述。当服务是一个业务功能时，D 表示功能描述；当服务是一个抽象接口时，D 表示接口规范和标准。

SaaS 服务具有可对外发布和可独立运行两个特征，缺一不可。例如，一个底层函数如果没有界面程序调用就不能发挥作用，也就不能称为一个服务。

如果不作特别说明，本书后续章节中的服务都是指 SaaS 服务。

4.2.2 需求

租户主要是和 SaaS 服务进行交互，因此我们可以将租户需求类似地看成一个服务，并对其语法结构进行抽象。但是租户的具体需求还需要对交互的通信序列进行描述。本书的需求是指使用 SaaS 服务的租户根据业务、功能和非功能的变化提出的演化请求，主要包括业务需求、功能需求和非功能需求，统称 SaaS 服务演化需求。需求的提出者除了租户以外，还有可能是管理员或者环境。

定义 4.2　需求是一个三元组 $Q=(S_0, S_1, T)$。

(1) S_0 是指源服务，是需求所对应的服务对象，即租户对该服务提出了演化请求。

(2) S_1 是指目标服务，即服务经过演化后的期望的服务。服务的演化可能是输入接口的变化，也可能是输出接口、服务体、子服务、描述等发生变化。无论演化发生在什么位置，都会产生新的服务，即目标服务。

(3) T 是指需求类型，包括业务需求、功能需求和非功能需求。不同的需求类型的描述方法有所差异，因此每一个需求必须有类型。

由定义 4.2 可知，需求将在服务需要变化时才提出，是指演化需求，这与传统软件工程中所指的需求有一定的差异。本书后续章节提到的需求都是指 SaaS 服务演化需求，除非有特别说明的情况。

4.2.3 流程

服务演化将对服务单元执行各种演化操作，而流程演化基于服务演化，主要解决服务之间的关联性问题。

本书中的流程是指若干服务按照一定的逻辑关系排列而成的有序服务集合，即 SaaS 服务流程，简称流程。这里所指的流程与通常意义下的业务流程、工作流程类似，但不完全相同。主要区别是：本书中的流程只能由服务组成。

SaaS 服务的一个典型特征是“单实例，多租户”，即多个租户共享一个服务提供商的应用实例，而租户在逻辑上完全隔离。对于每个租户来说，这个实例只像是为自己服务。SaaS 服务要满足不同租户需求，必须提供灵活的服务流程演化机制，以便让租户在共享实例的基础上构建专属于自己的服务流程。

流程的形式化定义将在后续章节中给出。

4.2.4 SaaS 服务演化

定义 4.3　SaaS 服务演化是指为了提高 SaaS 软件系统适应需求的能力，在不中断其所提供服务的前提下，自动或借助外部环境动态指导软件改变的活动。

其中，不中断是指对使用者而言，软件系统所提供的服务持续在线；借助外部环境动态指导则强调了整个在线演化过程中人作为不可或缺的因素参与其中；改变的活动主要包括软件功能和结构等方面的改变。上述定义所给的 SaaS 服务演化概念是一种运行时演化，强调服务持续在线这一特征。此外，与软件维护通常由专门的维护人员来实施不同，SaaS 服务演化既可以由第三方租户驱动，也可以由系统主动实施。SaaS 服务演化将从软件中抽象出服务，以原子服务作为演化的基本粒度。

针对 SaaS 服务演化的形式化定义将在后续章节中给出。

4.3 概念框架

4.3.1 提出问题

以整体论的思想方法为指导，采用先把问题高度抽象，再逐步求精的研究思路，建立需求驱动的 SaaS 服务演化概念框架，并完成概念框架实现方法的顶层设计。建立概念框架需要解决以下问题。

(1) 合理分解演化过程的层次。不同于传统软件下的服务演化，SaaS 服务演化以服务为基本演化粒度，涉及需求、流程、服务三个层次。这三个层次的演化活动必须考虑 SaaS 服务特性，如服务流程的删除演化操作不能影响无需求租户的正常使用。

(2) 租户需求如何驱动流程和服务的演化。租户演化需求需要遵守 SaaS 服务提供商定义的一些外部业务规则，否则将会导致无效的演化结果；同时，由于租户需求具有不确定性及不容易描述，必须预设限制规则以降低演化的复杂度。必须把正确的租户演化需求传递到流程和服务层次，实现演化操作和推演。如何利用规模效应提高演化的效率，也是一个需要考虑的问题。

(3) 如何保障流程、服务层次的演化活动和演化结果的正确性。各个层次内部和层次之间存在着一定的依赖关系，这些依赖关系具有一定的时序性、逻辑性等特点，一个正确的演化过程必须满足这些关系。

4.3.2 构建概念框架

围绕以上问题建立 SaaS 服务演化概念框架，如图 4.1 所示。

SaaS 服务演化概念框架，包括层次定制行为约束、规则管理、演化模型、演化验证等模块，其中演化模型包括需求演化、流程演化和服务演化。这些模块之间既能够独立完成相应的任务，又能相互通信、协同工作。

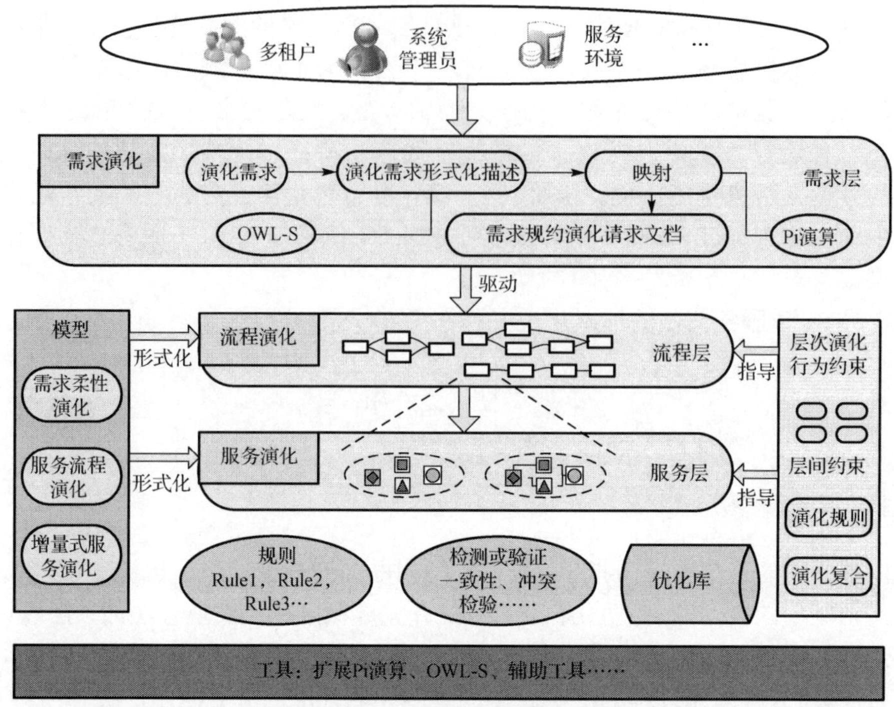

图 4.1　SaaS 服务演化概念框架图

SaaS 服务演化概念框架的运行过程如下。

(1) 当目前服务不能满足租户需求时，租户利用辅助工具和预设规则描述演化需求。每一次的描述活动都可以形成一个以 OWL-S 描述的需求文档，形成演化需求规约，作为演化过程的驱动力，并在演化过程中起到指导和约束作用。

(2) 根据 SaaS 服务的“单实例，多租户”特性，对不同租户定义的需求规格进行分析，形成需求规约演化请求文档，并且映射成 Pi 演算表达式。

(3) 基于需求规约演化请求文档及 Pi 演算表达式，驱动流程层、服务层的演化，实现软件的改变和替换，完成演化过程。

(4) 将各个层次的演化进行形式化表示并传递给定制检测和验证模块，保障演化过程的正确性。

(5) 只有检测或验证通过的演化活动才能被存储和部署执行，随着租户数量和演化次数的增多，存储模块对于提高租户定制效率将发挥更大的作用。

4.3.3　需求层

需求是软件为解决问题和实现目标的条件和能力，需求分为三个层次：业务需求、用户需求和软件需求。业务需求主要从业务工作层面说明该软件系统需要完成的任务；用户需求是在业务需求满足的基础上，从使用者的角度来分析软件系统的目标；而软件需求就是需求分析人员通过对软件系统的业务需求和用户需求的理解，将这些需求转化成开发人员使用的需求。需求具有不好把握性和需求的变化性，需求的不好把握性主要是主观造成的，可以通过学习和沟通逐步解决；而需求的变化性是影响最终软件系统的根源。需求变化的原因是多方面的，有属于开发过程的内部原因，也有超出需求相关者所能控制范围的外部原因，因此需要对需求进行变更管理。

需求变更与需求演化有着本质区别。需求变更是指在开发、维护过程中，由于人们对需求在理解上的分歧以及外部原因引起的需求的变化，这种变化有两种情况：一种是通过验证，该需求被认为是合理可行的；另一种是没有通过验证，被认为不能列入新需求行列的。需求演化是指在开发、维护过程中，已经确定通过验证的合理的需求变更，并且已经采用某种具体的方式实现了变更后的需求。需求在演化过程中更加明确了各类需求之间的相互转化，以及需求演化的形式。

SaaS 需求的演化形式是指当客户提出需求时，功能性需求、非功能性需求发生了变化。需求演化的形式包括功能性需求之间的转换、非功能性需求之间的转换、功能性需求派生非功能性需求、非功能性需求派生功能性需求，以及由当前的上下文环境派生为功能性需求和非功能性需求。需求演化的原因主要是客户对于系统的功能性需求、非功能性需求和上下文环境。其中系统的功能性需求是指系统应该完成的功能，非功能性需求主要是系统的质量，如系统的响应时间应该很快等。

(1) SaaS 功能性需求之间的转换，指在开发过程中，根据需要将一个功能转换成另外一个功能。

(2) SaaS 功能性需求派生非功能性需求，指在开发或运行过程中，需求分析人员并没有完全把握客户的非功能性需求，导致了最后的实现方式并没有满足客户对系统的非功能性需求，为了兼顾客户的功能性需求和非功能性需求，并且在实现方式上满足对非功能性需求的实现，将以往的实现方式转换成一种新的实现方式，称为功能性需求转换为非功能性需求。

(3) SaaS 非功能性需求之间的转换，指由以前关注的非功能性需求转换成新的非功能性需求，即采用一种新的实现方式实现新的非功能性需求。

(4) SaaS 非功能性需求转换为功能性需求，指系统在开发过程中，功能性需求和非功能性需求并不能兼顾，而前期的开发过程中系统的实现方式关注了系统的非功能性需求，但是功能上却没能完全满足，而后期的过程中，需要实现所有的功能，而对于非功能性需求却没有那么关注，因此采用了新的实现方式。

4.3.4　流程层

SaaS 流程层的演化是在服务需求的驱动下完成的，演化的目的是满足不同租户个性化业务流程需求，SaaS 软件的实现必须强调其流程配置能力和资源共享程度，使得一个 SaaS 软件能够很好地服务于多个租户使用。实现租户在共享实例的基础上创建专属于自己的个性化流程是很有必要的，目前也有一些学者对 SaaS 应用的流程配置问题进行了研究，虽然租户的业务流程需求各异，但在一定时期内租户间的流程需求仍有相同的地方，有时可能只是服务流程中某个节点不同而已，随着时间的推移，也可能产生租户共同的需求变化。例如，某 SaaS 平台提供了采购流程，经过一段时间运行后，多数企业认为需要加入洽谈内部价格、签订内部协议和内部结算三个活动，如果系统中提供的依旧是原来的流程模型，则每一个租户在使用 SaaS 软件时都需要进行同样的配置，即加入洽谈内部价格、签订内部协议和内部结算这三个活动。在这种情况下，通过将流程模型转化为第二个模型，就可以简化多数租户的配置工作。依据这一需求，需要研究如何有效地实现流程模型演化的方法。

当然，SaaS 软件的重要设计目标之一是流程可配置，在流程配置中需要对业务流程模型发生变化后引起的配置规则集的膨胀问题，以及流程模型实例化时所需执行配置规则数增多的问题进行解决。SaaS 应用的流程个性化配置，就是允许租户在应用中按照自己的业务需求修改流程建模功能预设定的流程模型。为了尽可能减少租户的配置工作，提升用户体验，需要设计一种通用的基本流程模型，在节点上定义配置规则。流程模型实例化时通过上下文匹配，激发各个节点上的配置规则并应用于基础模型，使得 SaaS 在不同的环境中实例化时得到不同的流程实例，相当于给 SaaS 定义了一个流程模型簇，系统在实例化时能自动为用户选择最贴近其需求的流程模型。另外，用户可以对配置后的流程模型进行二次修改，达到在最大程度上满足租户需求的目的。

事实上，预先定义的 SaaS 流程模型簇永远无法满足所有租户的需求，因此，研究和建立一种流程演化模型理论才能适应不断变化的租户流程需要。

4.3.5　服务层

SaaS 服务演化是指在需求演化和流程优化的基础上，对服务演化的影响范围、演化代价等进行综合评估，制定合理的演化策略。SaaS 服务总是处于持续演化的状态，服务通过 OWL-S 文件描述将其演化需求的接口进行推送，服务客户端对接口的变化是敏感的，主要关注两个问题：首先是客户端如何主动识别服务接口的变化；其次是服务如何明确演化影响到客户端的范围与程度。客户端可以通过分析版本之间的 OWL-S 文件变化来识别服务的演化，从而调整自己的系统；从服务提供者的角度，SaaS 服务演化时需要明确对客户端的影响程度与范围，以此作为服务演化的依据，为避免客户端程序的失效，版本之间激进的接口元素的修改和删除应该尽量被避免。通过分析 SaaS 服务接口变化规律、服务客户端的使用情况等信息，可以明确演化操作对客户端的影响程度与范围。

从 SaaS 服务之间相互影响的演化而言，演化的原因可以分为两类：一类是由于成员服务的演化导致 SaaS 服务需要进行相应的演化，另一类是由于业务流程的变化导致服务流程的演化。不管哪一种原因，在进行演化前都需要对演化进行分析，分析演化的影响范围，对演化进行度量以判定演化实施的代价。

4.4　层次间的约束规则

概念框架中的层次演化行为约束如图 4.2 所示，描述了 SaaS 服务演化概念框架的需求、流程和服务层的演化活动以及相关约束关系。但单独研究这些约束关系会使问题变得非常复杂，使演化效率降低，因此，本书将约束关系问题与需求问题共同考虑，通过需求规约描述和演化来体现规约的作用。

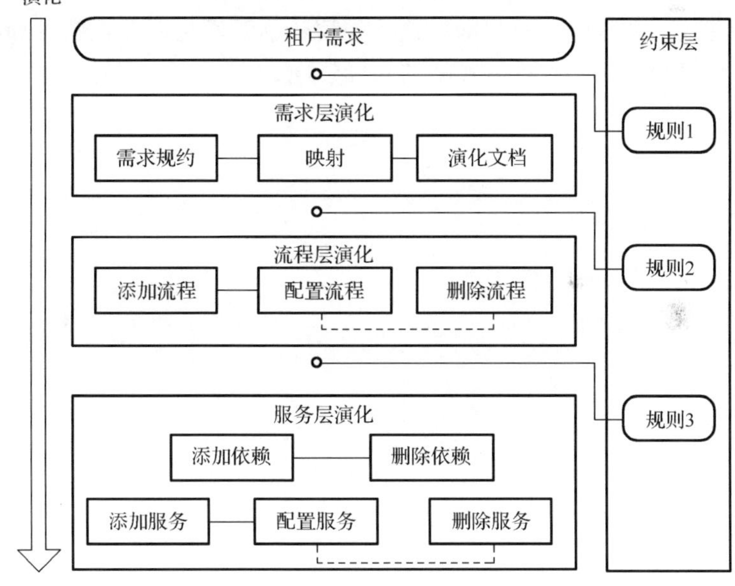

图 4.2　SaaS 服务演化行为约束图

在层间约束图中，每一层的演化活动不仅可能影响层次内部的活动，而且会对其他层产生影响。除此之外，SaaS 服务通常会在一个特殊的层次上定义一些额外的业务规则，以此限定在各个层次上的演化活动。

演化过程是自上而下进行的，添加流程之后就要对流程进行配置，而配置流程意味着要对流程中包含的所有服务以及服务之间的关系进行演化，服务的演化又涉及服务包含的所有关系，这种有序演化行为也在一定程度上保证了演化的合理性。因为每一层的演化都是以上一层的存在作为前提的，不能没有进行流程演化，就直接进行服务演化操作。针对这种演化行为，可以通过 Pi 演算对演化活动进行合理的建模分析，确保每一步的演化活动不会对系统产生难以预料的影响。

4.5 本章小结

本章以整体论的思想方法为指导，起到概览和顶层设计的作用。通过深入分析 SaaS 特性，明确本书的研究思路，并给出服务、需求、流程等概念的含义，为后续研究提供基础支撑。概括性地提出了 SaaS 服务演化的概念框架，分析框架中模块及模块间的关系，并专门对层次间约束进行阐述，简化了问题的复杂度，为后续章节的展开和深入研究打下基础。

本章提出的 SaaS 服务演化框架确定了租户需求规约描述及演化的驱动作用，并给出需求、流程、服务层次上可能进行的所有演化活动及关系，并以此为基础完成整个演化过程，同时确保租户即将执行的演化活动满足已存在的各项约束条件，进而避免其对整个应用产生难以预测的负面影响。

第 5 章　SaaS 服务需求描述和演化

传统需求工程理论不能完全指导 SaaS 模式软件开发和维护过程，也不能满足 SaaS 服务演化的需要，已成为软件技术发展的瓶颈之一。需求演化作为整个 SaaS 服务演化过程的起点和关键点，个性化和多元化的特点决定了其演化的复杂性，必须提炼出新环境下的需求特点，建立可支持整个演化过程的需求框架。本章通过深入分析 SaaS 服务需求的新特征，关注适应能力在软件演化过程中的重要性和实现机理，参考现有研究成果设计出 SaaS 服务需求规约的描述方法。通过建立需求规约演化模型，并将其作为 SaaS 服务演化的基础和驱动力，为实现 SaaS 服务演化过程打下基础。

5.1　SaaS 服务需求特征

当前软件系统面临用户需求、支撑资源和上下文环境等方面频繁发生变化的挑战，软件需求不可避免地要求持续演化。需求不断演化是降低软件开发效率、影响软件系统特征(如系统可靠性、安全性等)的重要因素之一，已成为软件项目中急需攻克的难题。尽管研究者认识到软件需求演化的重要性，但软件需求固有的复杂性和不确定性使目前的研究进展显得不足。传统需求工程方法缺乏有效的建模方法和手段，特别是形式化和半形式化的需求分析方法还不成熟，使需求演化研究受到制约，主要体现在两方面：①没有一种非常好的方法来描述软件需求规约及需求变化情况；②目前的演化基础理论对需求演化的支撑明显不足。因此，本书需要基于目前已有的软件需求演化理论研究成果，深入分析 SaaS 服务的新特点，研究 SaaS 服务需求演化理论和方法。与传统软件相比，SaaS 服务需求具备以下新特点。

(1) SaaS 服务要求系统具有更快速适应需求变化的能力。SaaS 服务是典型的网络服务模式，具有需求易变性、规模大等特点。在复杂多变的网络环境下，租户对 SaaS 服务的环境适应能力提出了更高的要求，迫使 SaaS 服务的被动适应能力和主动适应能力必须加强。

(2) SaaS 服务需求的不确定性增大。主要表现在系统对外提供服务的不确定性上，使传统的演化规模和范围受到挑战。SaaS 租户的需求会持续提出，需求文档会随之不断演化，并且需求演化的范围也不确定，受到租户业务领域、对服务的认知，甚至是心理变化等因素的影响。在 SaaS 服务环境下，租户需求的涉及面很广，会提出功能、性能、安全，以及硬件资源、网络资源等多方面的复杂需求，使 SaaS 服务有可能涉及跨系统交互，并且实现多系统的协同。

(3) SaaS 服务需求用户体验有更高的要求。从租户的角度来看，从“软件为我所有”到“服务为我所用”的转变，即软件的所有权和使用权被分离，租户关注的重点是软件所提供的服务。这种变化对传统需求工程方法提出挑战，从客观上对软件质量提出了更高的要求，用户服务体验的重要性明显提高，并要求软件具有更高的可信性。

(4) SaaS 服务需求获取渠道和方式的转变。传统软件需求获取的渠道主要依靠特定用户提供，通常采用访谈、会议、讨论、调查等形式。SaaS 服务的租户不确定性使需求的获取渠道和方式发生了很大改变，需求获取难度加大，且更容易出现需求持续变更，必须从传统的用户交流、需求获取、规约确认等方式向用户服务体验的方式过渡。

总之，SaaS 服务需求从适应能力、用户体验、获取方式等方面都发生了改变，对软件提出了更高的要求，需要从理论上提出一种新思路和新方法来解决。

5.2　SaaS 服务需求规约描述

5.2.1　需求规约描述语言

SaaS 服务面临用户需求、软件资源和系统上下文环境等方面变化的挑战，需求不可避免地要求持续地演化。需求演化本质上是需求规约的演化。传统软件工程方法的需求规约是不支持演化的，更不能适应软件动态地改变。SaaS 服务的需求演化必须建立一种可动态改变和主动适应的需求演化机制，首先应该形式化地描述需求规约，以适应需求推演和变化。需求规约描述语言是站在用户的角度对需求进行精确表达的语言。自然语言是一种用户最熟悉的需求规约描述语言，过去人们就是通过自然语言描述用户需求的，除了自然语言这种需求规约描述方法，还包括形式化和半形式化的语言描述。半形式化的描述方法可以利用部分规范的结构和语义描述问题，也可以进行部分逻辑推理，统一建模语言(unified modeling language, UML)就是最典型的半形式化需求规约描述语言。形式化语言有精确和严格的语义和结构，但要设计出一种面向需求的、完整的需求描述语言，还需要较长时间的研究。典型的形式化需求规约描述语言有 Web 服务本体语言、需求标记语言等。其中，OWL 是 Web 环境下面向服务的本体描述语言，比较适合描述 SaaS 服务的需求。

本书使用 OWL-S 描述用户需求规约，OWL-S 引入了本体来描述服务领域的概念，利用普遍概念来描述服务自身，以及这些服务怎么与领域本体联系起来(通过输入、输出、前置条件、效果等)，这些丰富的语义描述使得 SaaS 服务能够被人和机器理解。OWL-S 的动机和目标是使得服务具有机器可理解性和易用性，从而支持代理程序基于逻辑语义实现对 SaaS 服务的自动发现、调用、组合及互操作。

5.2.2　SaaS 服务需求描述

对 SaaS 服务需求的描述主要包括功能需求描述和非功能需求描述两方面。

1. 功能需求描述方法

用 OWL-S 来描述 SaaS 服务的需求有多方面的优势。在 OWL-S 的 ServiceProfile 子类 Profile 中描述的服务基本信息主要有：服务名称、服务文本描述、服务提供者信息、服务参数、服务种类以及服务的一些功能性属性，如输入、输出、结果、先决条件等属性，这些描述元素实质上都是 SaaS 服务功能需求的基本特征，但还需要进行必要的补充。因此，可以在 OWL-S 中的 ServiceProfile 部分集中描述。表 5.1 给出了 OWL-S 与 SaaS 服务功能需求描述对照表。

表 5.1　OWL-S 与 SaaS 服务功能需求描述对照表

OWL-S	SaaS 服务功能需求	表示
服务名称	功能名称	functional name
服务的文本描述	功能描述	functional description
服务参数	参数	parameter
服务类	功能定义	functional
服务子类	子功能定义	subfunctional
输入	输入条件	input
输出	输出条件	output
结果	功能结果	functional effect
先决条件	前置条件	precondition
附属信息	备注	remarks

以下给出 SaaS 服务功能需求描述的一个简单示例：

```
〈owl: Class rdf: ID="SaaS functionalrequirements"〉
  〈rdfs: lab〉functional name〈/rdfs:lab〉<!--描述 SaaS 的功能需求-->
  〈rdfs: ClassOf rdf: resour=""/〉
  〈rdfs: comment〉functional〈/rdfs: comment〉
〈/owl:Class〉
〈owl:subClass rdf: ID="SaaS subfunctional requirements"〉
<!--描述一个 SaaS 子功能需求-->
  〈rdfs: domain rdf: resour=""/〉
  〈rdfs: comment〉subfunctional〈/rdfs: comment〉
〈/owl:subClass〉
```

2. 非功能需求描述方法

SaaS 服务非功能需求描述包括响应时间、消耗度、可靠度、安全性等这些动态因素。本书在 OWL-S 的 ServiceProfile 中扩展定义了一个动态类 DynamicClass，并将其定义成为 ServiceProfile 类的子类，然后将服务的非功能需求作为与动态类 DynamicClass 相关联的属性加以描述。这样，在 ServiceProfile 中就实现了对服务的响应时间、消耗度、可靠度、安全性这些动态服务需求的描述。

为了客观描述 SaaS 服务的非功能需求，需要对动态类 DynamicClass 中的每一个属性加以描述，此外还要对最大值(D_max)、最小值(D_min)、平均值(D_avg)、变化幅度(D_Ch)等方面分别加以描述。其中，D_max、D_min 分别表示相应属性值所能达到的最大值、最小值，D_avg 表示相应属性值经过数学统计之后所得到的平均值，D_Ch 主要是对相应属性进行总体评估从而确定的变化幅度等。对相应的属性赋权值，然后将权值以及相应元素的原始数据经过一定数学方法的整合，最终反映出该需求的客观情况。

以下给出 SaaS 服务非功能需求描述的一个简单示例：

```
〈owl: DynamicClass rdf: ID="SaaS Nonfunctionalrequirements "〉
    〈rdfs: lab〉 Nonfunctional requirements name 〈/rdfs:lab〉
                <!--描述一个 SaaS 非功能需求-->
  〈rdfs: ClassOf rdf: resource="reliability"/〉
                <!—可靠度需求描述需求-->
  〈rdfs:D_max〉 99.99% 〈/rdfs:D_max〉
〈rdfs:D_min〉 99.86% 〈/rdfs:D_min〉
〈rdfs:D_avg〉 99.93% 〈/rdfs:D_avg〉
〈rdfs:D_Ch〉 0.01 〈/rdfs:D_Ch〉
〈/owl: DynamicClass〉
```

采用 OWL-S 对 SaaS 服务功能需求和非功能需求进行描述，并通过辅助工具的支撑，可以有效地解决 SaaS 服务需求描述的问题。

5.2.3 SaaS 服务需求演化描述

SaaS 服务新增的功能需求、新增的业务情境需求和新增的非功能需求等个性化的需求变更将会引起 OWL-S 描述的系统需求规约的演化，但 OWL-S 不支持需求规约演化的建模，无法描述演化是在何时、何处发生的，也无法描述演化是如何发生的，因此 OWL-S 没有足够的能力对个性化的演化需求规约进行建模，通常只是用来描述 SaaS 服务需求变更情况，而演化过程和模型建立则需要 Pi 演算来完成。描述 SaaS 服务需求变更情况如下。

(1)过程描述部分，该部分为变更所涉及的过程的描述。租户可以在已有的领域模型中查找自己需要的过程描述、描述该领域过程的标识以及领域过程的引用；租户也可以自己定义领域模型中不存在的过程，首先需要提供该过程的标识，接着使用 OWL-S 的语法对其过程体进行详细定义。

(2)变更描述部分，该部分描述变更操作。变更操作可以分为四类，分别为添加过程、删除过程、修改过程、替换过程，而且每个变更可能只是单独的上述四类操作中的一种，也可能是多个上述四类操作组合而成的复杂的变更。因此，可以将变更分为简单变更和组合变更。在变更描述部分，租户可以限定执行变更操作的前提条件。

5.3　OWL-S 到 Pi 演算的映射

5.3.1　基本映射关系

OWL-S 可以用来描述 Web 服务文档及系统中内在的类和关系，通过增加相关资源的信息，使服务能够更容易地被规范操作。OWL-S 能够允许服务内容本身相互联系和互操作。采用 OWL-S 描述的 SaaS 服务需求规约如何与 Pi 演算对应和关联起来是演化必须解决的问题[52]。下面将深入研究 OWL-S 与 Pi 演算之间的映射关系。

定义 5.1　OWL-S 实体 E 是一个集合，其元素由类和个体组成。

OWL-S 中的类和个体是描述客观事物的对象，具体描述服务中的某种操作，因此可以与 Pi 演算中的进程相对应。当对类和个体赋值时，也就是实体经过某种操作变为相应的类和个体，与 Pi 演算中的进程由通道传输变量的动作触发，而变为另外一个状态的进程相似，OWL-S 的属性有定义功能，与 Pi 演算的通道有传输变量功能类似。因此，OWL-S 的属性与 Pi 演算的通道相对应。当然，OWL-S 中有许多属性性质描述，可以用于表示动态的信息交互，而 Pi 演算可以对进程间动态的通信进行描述，通道也可以像变量一样进行赋值。Pi 演算的这些特性恰好与 OWL-S 的属性相对应。

定义 5.2　实体-进程映射关系。设非空集合 $M=\{e|e\in E\}$ 和 $N=\{p|p\in \mathrm{fn}(P)\}$，存在关系 f，对于任意 e，都有唯一的 p 与之对应，称 f 为 M 到 N 的实体-进程映射关系，记作 f：$M\rightarrow N$。

OWL-S 实体和 Pi 演算中进程的集合存在实体-进程映射关系，每一个类和个体都有且仅有一个进程与之对应，形成实体-进程映射关系。

定义 5.3　属性-通道映射关系。存在一个实体的非空属性集合 OP 和至少由两个进程组成的非空通道集合 C，若存在关系 g，对于任意一个 OP 的元素，都有唯一的 C 元素与之对应，称 g 为 OP 到 C 的属性-通道映射关系，记作 g：$\mathrm{OP}\rightarrow C$。

定义 5.4　实体的属性特征。OWL-S 实体的属性存在以下特征。

(1) 传递：对于实体 E 的一个属性 OP，对任意的变量 x、y、z，如果关系 OP(x，y) 和 OP(y，z) 成立，则关系 OP(x，z) 也成立，称这种关系为传递属性特征。

(2) 对称：对于实体 E 的一个属性 OP，对任意的变量 x 和 y，如果 OP(x，y) 成立当且仅当 OP(y，x) 成立，则称这种关系为对称属性特征。

(3) 函数型：对于实体 E 的一个属性 OP，对变量 x、y、z，如果关系 OP(x，y) 和 OP(x，z) 成立，则有 y=z 成立，称这种关系为函数型属性特征。

(4) 逆：如果实体 E 的一个属性特征 OP1 被称为实体 E 的一个属性 OP2 的逆，那么对于所有的变量 x 和 y，都有 OP1(x，y) 当且仅当 OP2(y，x)。

(5) 反函数型：对于实体 E 的一个属性 OP，对变量 x、y、z，如果 OP(y，x) 和 OP(z，x) 成立，则有 y=z 成立，称这种关系为反函数型属性特征。

5.3.2 转换规则

需要建立起 OWL-S 与 Pi 演算之间的转换规则，实现 OWL-S 中元素到 Pi 演算名字空间的转换。可以按照如下规则进行转换。

规则 5.1　OWL-S 中的一个类和 Pi 演算中的一个进程对应。二者均是可独立完成一个需求事项的单元。

规则 5.2　OWL-S 中的一个个体和 Pi 演算中的一个进程对应。二者均是可独立完成一个需求事项的单元。

规则 5.3　OWL-S 中的变量和 Pi 演算中进程间通信所交换的信息对应。实际中的变量要比通信信息复杂，但这种转换本身不会丢失信息。

规则 5.4　OWL-S 中的子类和 Pi 演算进程通信中使用的通道相对应。OWL-S 表示的子类及子类的属性描述了元素交互服务的访问点，这与 Pi 演算的通道功能类似。

规则 5.5　OWL-S 中的属性特性和 Pi 演算中通道的性质对应。其中，OWL-S 中的传递属性特性对应 Pi 演算中通道的传递性质；OWL-S 中属性的对称性对应 Pi 演算中通道的对称性；OWL-S 中的函数型属性特征对应 Pi 演算中通道的函数型性质；OWL-S 中的其他特性都可以对应到 Pi 演算通道的性质。

规则 5.6　OWL-S 中的赋值和 Pi 演算中的发送或接收信息对应。OWL-S 中的类或个体经过属性的赋值变为另外的类或个体，而 Pi 演算中的进程经过某通道发出或接收信息后迁移到另外的进程，动作行为相对应。

下面根据实体-进程映射关系和属性-通道映射关系，以及转换规则，给出 OWL-S 到 Pi 演算的基本映射算法。

算法 5.1　OWL-S 到 Pi 演算的基本映射算法 Basic_Mapping(E，OP)

输入：实体 E 是一个集合，其元素由类和个体组成；OP 是实体 E 的非空属性集合。

输出：进程的名字集合 N，通道集合 C，通道类型数组 T。

```
BEGIN
  初始化一维数组 M，Q，a，b;
  FOR 对于集合 E 中的所有元素 ei  DO    /*清分实体集合 E*/
    BEGIN
      IF ei 属于 Class  THEN
        BEGIN
          M[i]=ei; /*将元素对应到数组中*/
          a[i]=1;  /*将元素标识为类*/
        END;
ELSE
        BEGIN
          M[i]=ei; /*将元素对应到数组中*/
          a[i]=0;  /*将元素标识为个体*/
        END;
    END;  /*FOR 循环结束*/
FOR 对于集合 OP 中的所有元素 opi  DO    /*清分属性集合 OP*/
    BEGIN
      IF opi 属于 subClass  THEN
        BEGIN
          Q[i]=opi; /*将 OWL-S 的子类对应到数组中*/
          b[i]=1;   /*将元素标识为子类*/
        END;
ELSE
        BEGIN
          Q[i]=opi; /*将 OWL-S 的属性对应到数组中，暂时无法分出
                        属性的具体类型*/
          b[i]=0;   /*将元素标识为属性*/
        END;
    END;  /*end of FOR*/
  FOR 对于数组 M 中的每一个元素 Mi  DO
    BEGIN
      N[i]=f(M[i]); /*将 M 中的元素通过函数 f 映射给集合 N 的元素*/
    END; /*FOR 循环结束*/
  FOR 对于数组 Q 中的每一个元素 Qi  DO
    BEGIN
      C[i]=g(Q[i]); /*将 Q 中的元素通过函数 g 映射给集合 C 的元素*/
```

```
        IF a[i]=0 AND b[i]=0 THEN /*标识通道类型*/
          BEGIN
  T[i]=1  /*将通道C标识为类型1*/
          END;
        IF a[i]=0 AND b[i]=1 THEN /*标识通道类型*/
          BEGIN
  T[i]=2  /*将通道C标识为类型2*/
          END;
        IF a[i]=1 AND b[i]=0 THEN /*标识通道类型*/
          BEGIN
  T[i]=3  /*将通道C标识为类型3*/
          END;
        IF a[i]=1 AND b[i]=1 THEN /*标识通道类型*/
          BEGIN
  T[i]=4  /*将通道C标识为类型4*/
          END; /*将通道C标识为类型1、2、3、4分别对应于四种类型*/
      END; /*FOR循环结束*/
  END /*算法结束*/
```

5.3.3 复合映射关系

SaaS 服务的需求规约首先通过 OWL-S 进行描述，并且完成演化动作，最终必须映射到 Pi 演算进行执行、验证和实现。本节基于 OWL-S 到 Pi 演算的基本映射关系，研究 OWL-S 的服务流程描述到 Pi 服务流程描述的映射关系，这种映射关系主要描述一些原子流程，复杂的业务服务流程将由这些原子流程组合而成。描述 Pi 演算的标号迁移系统前面已经给出定义，下面给出 OWL-S 描述的 SaaS 服务需求规约的形式化定义。

定义 5.5 SaaS 服务需求规约。一个 SaaS 服务需求规约 R 是由 OWL-S 描述的二元组(E，OP)，其中，E 是 OWL-S 的类和个体的集合；OP 是 OWL-S 的属性集合(包括数据属性和对象属性)。

以下复合映射关系都是指一个 Pi 演算描述的标号迁移系统与 OWL-S 描述的 SaaS 服务需求规约之间的映射关系。

1. 顺序服务流程

定义 5.6 顺序映射关系。一个 SaaS 服务需求规约(E，OP)和一个标号迁移系统(Q，T)存在顺序映射关系，当且仅当 E 和 Q 存在实体-进程映射关系，且 OP 满足传递属性特征。

顺序服务流程描述了服务流程中各个活动按照顺序关系依次执行。Pi 演算描述的顺序标号迁移系统如图 5.1 所示，表示服务 A 执行后顺序执行服务 B。它与 OWL-S 描述的 SaaS 服务需求规约顺序服务流程是映射关系。

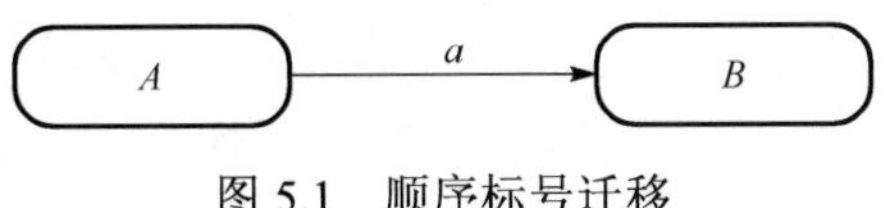

图 5.1　顺序标号迁移

(1) OWL-S 描述文档如下：

```
<owl: ComProcess rdf: ID="Sequence Process">
  <rdfs: lab>This is the Sequence Process for A, B </rdfs: lab>
    <rdfs: composedof>
      <rdfs: Sequence>
        <rdfs: components  rdf: parseType="Collection">
          <rdfs: AtomProcess rdf: about="A"/>
          <rdfs: AtomProcess rdf: about="B"/>
        </rdfs: components>
      </rdfs: Sequence >
    </rdfs: composedof>
</owl: ComProcess>
```

(2) Pi 演算描述如下：

$$A=\tau_A\cdot\overline{a}\cdot 0$$

$$B=a\cdot\tau_B\cdot B'$$

其中，τ_A 表示服务 A 的内部动作；$\overline{a}$ 表示从通道 a 发出一个消息；a 表示服务 B 从通道 a 收到一个消息，服务 B 收到消息后执行内部动作，再执行后续动作 B'。

2. 并发服务流程

定义 5.7　并发映射关系。一个 SaaS 服务需求规约 (E, OP) 和一个标号迁移系统 (Q, T) 存在并发映射关系，当且仅当 E 和 Q 存在实体-进程映射关系，且 OP 同时满足传递属性特征和对称属性特征。

当服务流程中的某个服务执行结束时，接下来遇到两个或两个以上服务并发执行的情况，称为并发原子服务流程，如图 5.2 所示。

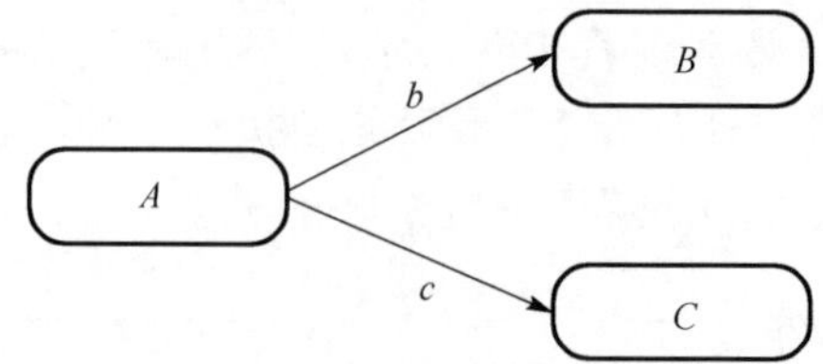

图 5.2　并发标号迁移

(1) OWL-S 描述如下：

```
<owl: ComProcess rdf: ID="Parallel Process">
  <rdfs: lab>This is the Parallel construct </rdfs: lab>
    <rdfs: composedof>
      <rdfs: Sequence>
        <rdfs: components>
          <rdfs: ControlList>
          <list: first rdf: resource="A"/>
            <list: rest>
              <rdfs: parallel>
                <rdfs: components>
                  <rdfs: ControlBag>
                  <rdfs: first  rdf: resource="B"/>
                <rdfs: rest  rdf: resource ="C"/>
              </rdfs: ControlBag>
            </rdfs: components>
          </rdfs: parallel>
        </list: rest>
      </rdfs: ControlList>
    </rdfs: Sequence>
  </rdfs: composedof>
</owl: ComProcess>
```

(2) Pi 演算描述如下：

$$A=\tau_A\cdot(\bar{b}\cdot 0\,|\,\bar{c}\cdot 0)$$

$$B=b\cdot\tau_B\cdot B'$$

$$C=c\cdot\tau_C\cdot C'$$

当服务 A 执行完内部动作之后同时向通道 b 和 c 发送消息，通道 b 对应的服务 B 在接收到消息后执行内部动作，然后执行后续动作 B'。服务 C 在收到来自通道 c 的消息后首先执行其内部动作，然后执行后续动作 C'。

3. 同步服务流程

定义 5.8　同步映射关系。一个 SaaS 服务需求规约(*E*，OP)和一个标号迁移系统(*Q*，*T*)存在同步映射关系，当且仅当 *E* 和 *Q* 存在实体-进程映射关系，且 OP 同时满足传递属性特征、对称属性特征和基数限制特征。

服务流程中只有一组并发执行的服务全部结束后，后面的服务才能被激活，这种关系模式称为同步服务流程，这组服务之间存在逻辑与关系，如图 5.3 所示。

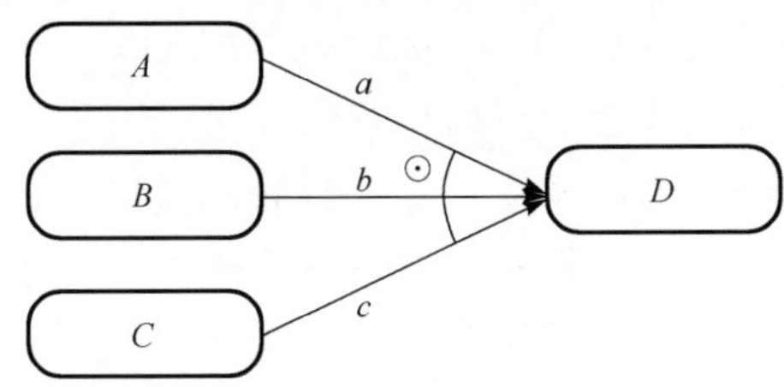

图 5.3　同步标号迁移

(1) OWL-S 描述如下：

```
<owl: ComProcess rdf: ID="SynchronizationProcess">
  <rdfs: lab>This is the Synchronization construct </rdfs: lab>
    <rdfs: composedof>
      <rdfs: Sequence>
        <rdfs: components>
          <rdfs: ControlList>
          <list: first rdf: resource="A"/>
            <list: rest>
              <rdfs: synchronization>
              <rdfs: components>
                <rdfs: ControlBag>
                  <rdfs: first rdf: resource="B"/>
                  <rdfs: middle rdf: resource="C"/>
                  <rdfs: rest rdf: resource ="D"/>
                </rdfs: ControlBag>
            </rdfs: components>
          </rdfs: synchronization>
        </list: rest>
      </rdfs: ControlList>
    </rdfs: Sequence>
  </rdfs: composedof>
</owl: ComProcess>
```

显然，OWL-S 很难描述服务之间的复杂的分支逻辑关系，需要其他形式化工具进行辅助才能描述。

(2) Pi 演算描述如下：

$$A = \tau_A \cdot \overline{a} \cdot 0$$

$$B = \tau_B \cdot \overline{b} \cdot 0$$

$$C = \tau_C \cdot \overline{c} \cdot 0$$

$$D = a \cdot b \cdot c \cdot \tau_D \cdot D'$$

服务 A 在执行完内部动作之后同时向通道 a 发送消息，服务 B 在执行完内部动作之后同时向通道 b 发送消息，服务 C 在执行完内部动作之后同时向通道 c 发送消息，服务 D 在接收到通道 a、b 和 c 的消息后才执行其内部动作，然后执行后续动作。如果服务 A、B、C 任意一个在执行内部动作时产生延迟，服务 D 将无法执行，处于等待状态。

4. 选择服务流程

定义 5.9　选择映射关系。一个 SaaS 服务需求规约(E，OP)和一个标号迁移系统(Q，T)存在选择映射关系，当且仅当 E 和 Q 存在实体-进程映射关系，且 OP 同时满足传递属性特征和属性限制特征。

服务流程中的某个服务执行结束后，接下来需要从多个服务中选择一个服务执行，这种选择是互斥的，服务之间是逻辑或的关系，如图 5.4 所示。

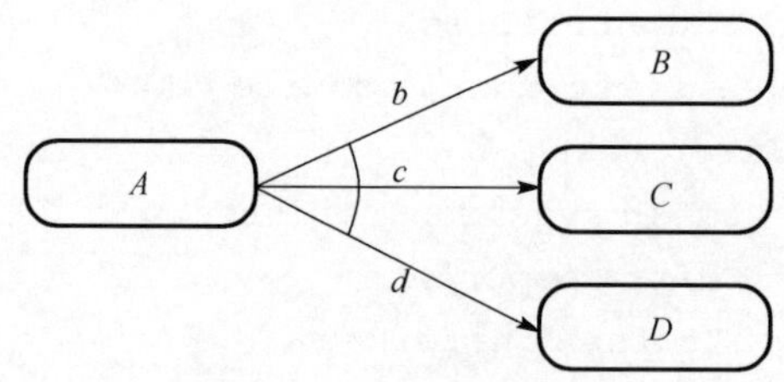

图 5.4　选择标号迁移

(1) OWL-S 描述如下：

```
<owl: ComProcess rdf: ID="Choice Process">
  <rdfs: lab>This is the Choice construct </rdfs: lab>
    <rdfs: composedof>
      <rdfs: Sequence>
        <rdfs: components>
          <rdfs: ControlList>
          <list: first rdf: resource="A"/>
            <list: rest>
```

```
        <rdfs: If-Then-Else>
        <rdfs: IfCondition>condition1</rdfs: IfCondition>
      <rdfs: then><process: AtomProcess rdf: about="B"/>
      </rdfs: then>
      <rdfs: then><process: AtomProcess rdf: about="C"/>
      </rdfs: then>
      <rdfs: then><process: AtomProcess rdf: about="D"/>
            </rdfs: then>
            </rdfs: else>
            </rdfs: If-Then-Else>
      </rdfs: ControlList>
    </rdfs: components>
   < rdfs: Sequence>
  </rdfs: composedof>
</owl: ComProcess>
```

(2) Pi 演算描述如下：

$$A=\tau_A\cdot(\bar{b}\cdot 0+\bar{c}\cdot 0+\bar{d}\cdot 0)$$

$$B=b\cdot\tau_B\cdot B'$$

$$C=c\cdot\tau_C\cdot C'$$

$$D=d\cdot\tau_D\cdot D'$$

服务 A 在执行完内部活动后向通道 b 或者 c 或者 d 发送消息，接到消息的服务执行内部动作及后续动作。

5. 多路选择服务流程

定义 5.10　多路选择映射关系。一个 SaaS 服务需求规约(E, OP)和一个标号迁移系统(Q, T)存在多路选择映射关系，当且仅当 E 和 Q 存在实体-进程映射关系，且 OP 同时满足传递属性特征、属性限制特征和逆属性特征。

多路选择原子服务流程允许从多个后继服务中选择一个或者多个执行，这与选择原子服务流程有明显的区别，如图 5.5 所示。

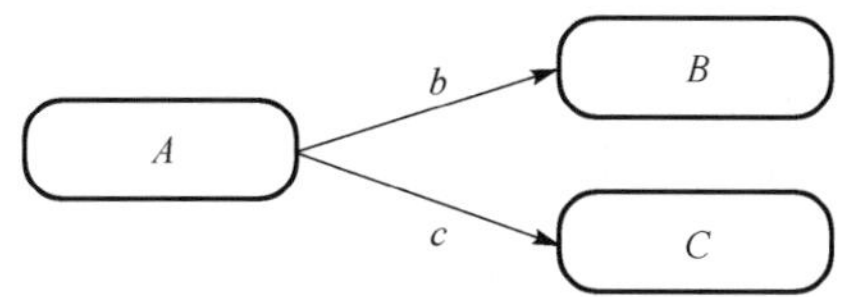

图 5.5　多路选择标号迁移

(1) OWL-S 描述如下：

```
<owl: ComProcess rdf: ID="Mu-choice Process">
  <rdfs: lab>This is the Mu-choice construct </rdfs: lab>
    <rdfs: composedof>
      <rdfs: Sequence>
        <rdfs: components>
          <rdfs: ControlList>
          <list: first rdf: resource="A"/>
            <list: rest>
            <rdfs: syn>
            <rdfs: components>
              <rdfs: ControlBag>
              <rdfs: If-Then-Else>
            <rdfs: ifCondition >condi1</rdfs: ifCondition>
        <rdfs: then><rdfs:AtomProcess rdf about="B"/>
            </process: then>
        <rdfs: else><rdfs:AtomProcess rdf about="C"/>
          </rdfs: else>
          </rdfs: If-Then-Else>
              </rdfs: ControlBag>
            </rdfs: components>
          </rdfs: syn>
        </list: rest>
      </rdfs: ControlList>
    </rdfs: Sequence>
  </rdfs: composedof>
</owl: ComProcess>
```

(2) Pi 演算描述如下：

$$A=\tau_A\cdot(\overline{b}\cdot 0+\overline{c}\cdot 0+(\overline{b}\cdot 0\,|\,\overline{c}\cdot 0))$$

$$B=b\cdot\tau_B\cdot B'$$

$$C=c\cdot\tau_C\cdot C'$$

服务 A 在执行完内部动作后，向通道 b 或 c 中的一个或者同时向 b 和 c 发出消息，接收到消息的服务执行其内部动作。

6. 同步合并原子服务流程

定义 5.11　同步合并映射关系。一个 SaaS 服务需求规约 (E，OP) 和一个标号迁移系统(Q, T)存在同步合并映射关系，当且仅当 E 和 Q 存在实体-进程映射关系，且 OP 同时满足传递属性特征和对称属性特征。

一组服务具有相同的后继服务，这组服务中如果只有一个服务处于活动状态，那么该服务结束时后继服务被激活执行；如果多个服务并发执行，则需要这组服务全部执行结束后继服务才能被激活执行，如图 5.6 所示。

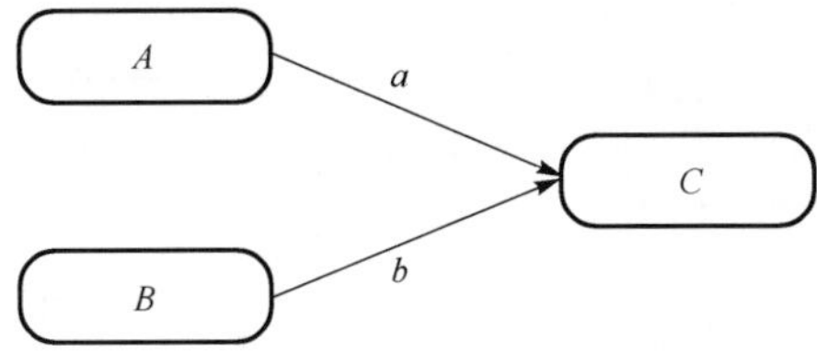

图 5.6　同步合并标号迁移

OWL-S 描述与同步标号迁移的描述类似，Pi 演算描述如下：

$$A = \tau_A \cdot \overline{a} \cdot 0$$

$$B = \tau_B \cdot \overline{b} \cdot 0$$

$$C = (a + b + a \cdot b) \cdot \tau_C \cdot C'$$

若服务 A 被激活，则它会在执行完内部动作后向通道 a 发送消息，若服务 B 被激活，则它会在执行完内部动作后向通道 b 发送消息，C 在接收完所有消息后执行内部动作。

5.4　SaaS 服务需求规约演化模型

5.4.1　演化机制

为了以一种可控、有序的方式完成 SaaS 服务需求规约的演化，需要建立 OWL 到 Pi 演算的映射关系并针对 OWL-S 的特点制定出演化机制。把需求规约演化机制划分为元层和基层，提出演化的需求规约基层部分由 OWL-S 描述的用户具体需求规约组成；元层部分包括控制需求规约演化过程的元信息、演化过程控制和约束检查等模块。演化元信息用于分析 SaaS 服务需求规约的变化信息，提取演化位置，并支撑演化过程的顺利实施；演化过程控制根据需求演化和演化元信息生成演化的实施步骤；而约束检查是先获取演化元信息中的约束信息，再检查发生演化的过程是否满足约束，如图 5.7 所示。

演化过程控制用于生成 SaaS 服务需求的演化步骤，根据需求以及元信息制定出完整的执行步骤。在接收到一个演化操作需求后，演化过程控制会给约束检查发出信息，约束检查会检查该操作需求的执行是否满足 OWL-S 需求规约的预设约束。若返回检查结果为真，则说明约束满足，可以执行该操作需求；反之，若返回检查结果为假，则退回修改需求。约束检查利用约束元信息，能自动判定需求演化结果是否满足约束。

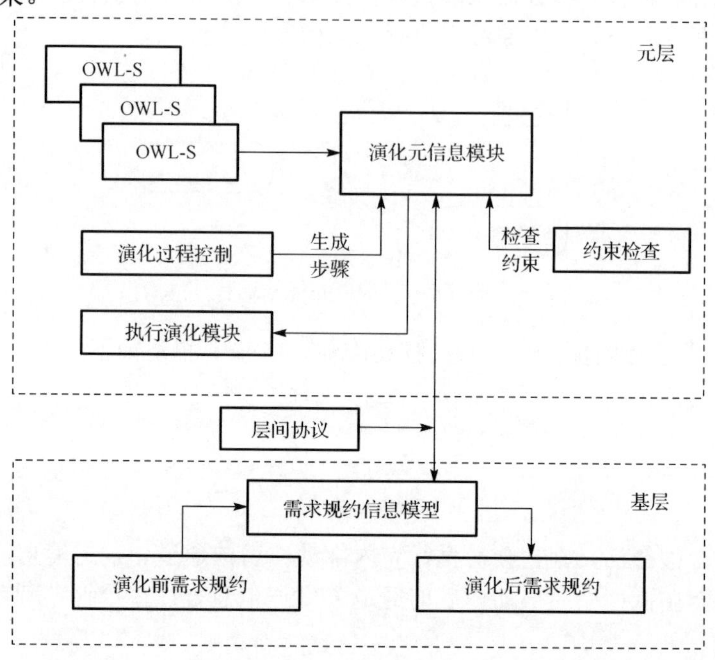

图 5.7　演化机制图

SaaS 服务需求规约通过层间协议实现元层与基层之间的通信和相互理解，从而实现完整的需求规约演化过程。通常情况下，基层和元层之间需要密切配合，基层的改变会及时反映在元层中，元层的改变也会及时反映在基层中，这样可确保基层和元层间保持一致。层间协议实现过程是：首先，根据 OWL-S 描述的需求规约制定出基层的需求规约信息模型，并从中抽取模型元信息得到演化元信息；其次，实施元信息约束检查判断是否可以进行该演化操作；再次，元层的需求演化信息会及时反馈给基层，基层随之发生相应变更从而完成演化。

使用 Pi 演算对 OWL-S 需求规约演化进行描述，主要是通过映射来实现。组成 SaaS 服务需求规约的实体被抽象成 Pi 演算中的名字。进程间可以通过通道进行通信，而需求规约本身可以表示为更大粒度的新进程，这些大粒度的进程是由一些进程组合而成的。通道可以实现实体之间的相互通信。

5.4.2　需求规约演化请求

SaaS 服务需求规约演化请求是软件演化发生的原始驱动力。在以 OWL-S 描述的需求规约中，用 Pointcut 表示演化发生的具体位置，用 Advice 描述演化的内容，Advice 通过演化顺序 EvolutionOrder 来描述演化的内容与演化位置的关系，这些元素之间的关系如图 5.8 所示。

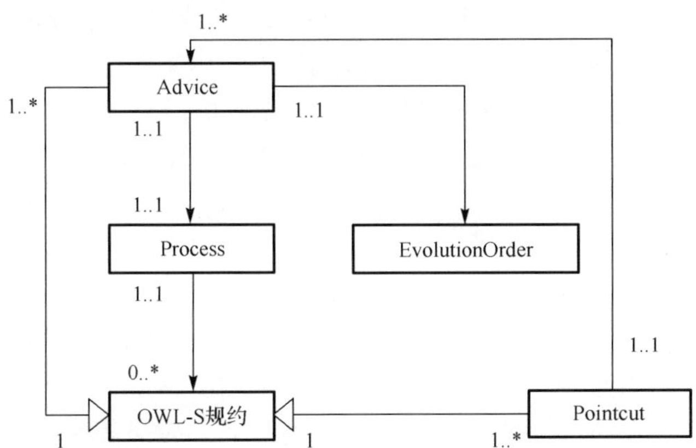

图 5.8　需求规约演化请求关系图

图 5.8 直观地反映出 SaaS 服务需求规约与演化发生的位置、演化的内容、演化执行顺序之间的内在关系。首先，根据演化发生位置的定义和描述进一步确定演化的具体内容。一个演化位置可能对应一个或多个演化内容，演化内容的个数需要根据实际情况进行拆分，拆分的原则是以服务为最基本的执行单元。其次，应确定各演化内容之间的执行顺序，然后执行演化过程。

定义 5.12　演化请求操作(requestion evolution list，REL)是一个由演化操作组成的集合，REL＝{op1，op2，op3，…，op*n*}，其中，op*n* 表示演化操作。

演化请求操作可以分为四种类型，即添加操作、删除操作、修改操作、替换操作。每次演化请求可能只是上述四种类型中的一种，也可能是四类操作组合而成的复杂的请求。下面给出四种演化请求操作。

(1) 添加操作 addP。根据 SaaS 服务需求为实体增加子服务、属性、通道、消息的内容，执行添加操作。

(2) 删除操作 delP。根据 SaaS 服务需求删除实体中的子服务、属性、通道、消息的内容，执行删除操作。

(3) 修改操作 modP。根据 SaaS 服务需求对实体中的子服务、属性、通道、消息的内容进行修改，执行修改操作。

(4) 替换操作 repP。根据 SaaS 服务需求对实体中的子服务、属性、通道、消息的内容进行替换，执行替换操作。

定义 5.13　演化约束集合(constraint evolution list，CEL)也是一个由演化操作组成的集合，CEL＝{op1，op2，op3，…，op*n*}。与 REL 不同，CEL 是反向的约束。

定义 5.14　需求规约演化请求是一个五元组 $Q=(R，\mathrm{REL}，\mathrm{CEL}，P，O)$。其中 R 是一个 SaaS 服务需求规约；REL 是演化请求操作集合；CEL 是 R 的演化约束集合；P 是演化初始位置标识；O 是演化顺序，是一个数组。

SaaS 服务在执行过程中，新增的功能需求、新增的业务情境需求和新增的非功能需求等个性化的需求变更都会引起服务需求规约的演化。由于 OWL-S 不支持需求规约演化的建模，对需求推演过程支持不足，因此，OWL-S 没有足够的能力对个性化的演化需求规约进行建模，需要将 OWL-S 文档映射到 Pi 演算进行解决。

5.4.3　基层模型

SaaS 服务需求规约基层模型的实现就是 OWL-S 描述的 SaaS 需求规约进行演化的支撑过程。OWL-S 采用领域知识来描述服务的自身情况，以及这些服务是如何与领域知识关联起来的(如通过输入、输出、前置条件、效果等关联)，再实现 OWL-S 的规范化处理。OWL-S 描述的目的是使得被描述的服务具有机器可理解的能力，丰富的语义表达能力使得需求规约能够被人和机器理解。

定义 5.15　SaaS 服务需求规约演化的基层由一组演化过程组成，演化过程可以是原子过程也可以是组合过程。每一个原子过程可对应于一个服务(可以是需求、服务或流程)。

$$\mathrm{BL}::=P_1|P_2|P_3|\cdots|P_n$$

$$P_n::=\mathrm{atom}P|\mathrm{compose}P$$

$$\mathrm{atom}P(\mathrm{in})::=\mathrm{in}(\mathrm{out})\cdot\mathrm{in}(\mathrm{Var})\cdot\tau\cdot\mathrm{out}<\mathrm{Var}>$$

$$\mathrm{compose}P::=\mathrm{Seq}|\mathrm{Par}|\mathrm{Par\text{-}Part}|\mathrm{Cho}|\mathrm{If\text{-}Els}|\mathrm{Rep}$$

其中，atom$P$ 表示原子过程；compose$P$ 表示组合过程；

组合过程定义了一组结构，可形式化定义如下。

(1)顺序组合过程 $\mathrm{Seq}(P_1, P_2, \cdots, P_n)::=P_1\cdot P_2\cdot P_3\cdot\cdots\cdot P_n$，表示 n 个原子过程按顺序执行。

(2)选择组合过程 $\mathrm{Cho}(P_1, P_2, \cdots, P_m)::=P_1+P_2+P_3+\cdots+P_n$，表示从 m 个原子过程中选出 n 个原子过程执行。

(3)并行组合过程 $\mathrm{Par}(P_1, P_2, \cdots, P_n)::=P_1|P_2|P_3|\cdots|P_n$，表示这 n 个原子过程可以并行执行。

(4)部分并行组合过程 $\mathrm{Par\text{-}Par}(P_1, P_2, \cdots, P_m)::=P_1|P_2|P_3|\cdots|P_n$，表示从 m 个原子过程中选择 n 个原子过程来并行执行。

(5)条件选择组合过程 $\mathrm{If\text{-}Else}(c_1, c_2, \cdots, c_n; P_1, P_2, \cdots, P_n)::=[z=c_1]P_1+[z=c_2]P_2+\cdots+[z=c_n]P_n$，表示当条件 z 满足 c_n 时，就执行原子过程 P_n。

(6) 循环组合过程 Rep(c，P)∷=[z=c]P·Rep(c，P)，表示当条件 c 满足时循环执行原子过程 P。

5.4.4　元层模型

元信息是表示信息的信息，它用于描述信息的结构、语义、用途和用法等[53]。利用元信息可以为构造、产生和加工复杂的信息提供一种有效的方法。由 OWL-S 描述的需求规约元信息，为 SaaS 服务需求演化操作和过程提供了所需的基本元信息。这些元信息能辅助需求演化的执行。每一个 SaaS 服务需求规约的元层模型都是由对应的元信息构造出来的，且这些元信息必须支持基层需求规约的演化。基层中的每一个原子和组合过程在元层中都对应相应的元过程。

定义 5.16　SaaS 服务需求规约的元层由演化控制、约束检查和一组元过程构成，分别表示如下：

$$\mathrm{ML}::=\mathrm{eAg}|\mathrm{rAg}|\mathrm{ml}P_1|\mathrm{ml}P_2|\cdots|\mathrm{ml}P_n$$

其中，eAg 表示 SaaS 服务需求规约演化的过程控制；rAg 表示规约检查；

$$\mathrm{ml}P::=\mathrm{ma}P|\mathrm{mc}P$$

ma$P$ 表示元原子过程，mc$P$ 表示元组合过程。

元原子过程和元组合过程都可以使用 Pi 演算中的进程表示，其输入、输出的消息可以转换为 Pi 演算中传输的消息。元信息是对基层的一种自描述，演化过程中执行的实体实际上是基层过程，所以对元过程不包括演化执行的操作行为。

5.4.5　需求规约演化模型

为保证 SaaS 服务需求规约的正确演化，必须完成元层和基层之间的交互，并需要具体实现演化过程的演化事件支撑，这些事件由许多预设的演化操作组成。演化操作是根据元层中定义的元信息以及在基层中定义的操作来完成各项演化任务。每一个预设操作不但要保证操作任务的顺利完成，还要确保基层和元层之间的正确交互。所以，需要从两方面进行考虑。

(1) SaaS 服务需求规约演化的预设操作集合。通过执行这些操作可以实现 SaaS 需求的演化，同时这些操作封装了所有内部细节。这些演化操作包括对需求实体的增加、删除、修改、替换等。

(2) SaaS 服务需求规约演化的预设约束集合。需要预先定义演化操作的约束，并支持演化操作的更改、回滚等。

为建立 SaaS 服务需求规约演化的模型，下面先给出进程的一些限制性定义。

定义 5.17　为了使进程在执行过程中能够被终止，定义一种可移动进程。在任意一个进程 P 前添加一个移动进程 move，表示为

$$P'::=\text{mov}\cdot 0+P$$

可移动进程 P'在移动进程 move 的接收端口上收到信号后，就会自动终止。在实际演化过程中，过程的进程移动意味着服务已经不再使用该过程。

定义 5.18 为了使进程实现演化过程中的可组合功能，定义可演化的组合进程。可演化的组合进程允许子进程被动态地添加到组合过程中，也可以被删除，可以表示如下：

$$\text{compose}P::=\text{Crea}(P)\cdot(P|\ \text{compose}P)$$

组合进程 compose$P$ 从 Crea 进程的端口上接收消息，即收到一个进程 P，执行将进程 P 和 compose$P$ 并发组合。

使用 Pi 演算来描述 SaaS 服务需求演化的过程和行为。演化过程首先由用户发出的演化请求开始，再描述演化的元层创建和改变过程。同时，初始化过程可以看作服务从无到有的一个变化过程，可以用一个初始操作进程 ini$P$ 来表示。使用一个端口 r 来接收演化的操作，然后对演化操作进行响应，完成整个演化过程。

定义 5.19 SaaS 服务需求规约演化模型是一个 Pi 演算表示的演化进程，这个演化进程表示如下：

$Q::=r(\text{ope})\cdot[\text{ope=ini}P]\text{iniProcess}|\ [\text{ope=add}P]\ \text{addProcess}|\ [\text{ope =del}P]\ \text{delProcess}|\ [\text{ope =mod}P]\ \text{modProcess}|\ [\text{ope =rep}P]\ \text{repProcess}$

其中，r 表示一个接收演化操作的端口，表示从端口 r 接收到一个操作 ope；ope 表示一个演化操作，该演化操作必须是一个可移动进程(避免死锁)；ini$P$ 是初始操作进程，也是一个可演化的组合进程，允许子进程被动态地添加；addProcess 表示增加演化操作进程；delProcess 表示删除演化操作进程；repProcess 表示替换演化操作进程；modProcess 表示修改演化操作进程。

5.4.6 演化操作过程

SaaS 服务需求规约演化过程，首先是通过定义元层和基层构造演化过程的基础模型，再通过执行一系列演化操作来实现演化。下面以 delProcess 操作为例说明演化操作过程。

(1) 生成执行步骤。

$\text{eAg}(\text{met})::=\text{self}(\text{message})\cdot[\text{message=add}]\ \overline{\text{evolution}}\ \langle\text{metaAdd}\rangle\cdot\text{evolution}\ (\text{message})\ [\text{message=ack}]\cdot\ \overline{\text{evolution}}\ \langle\text{verify}\rangle\cdot\text{evolution}(\text{msg})\cdot([\text{msg=F}]\ \overline{\text{self}}\ \langle\text{False}\rangle\cdot\tau)\ +\ ([\text{msg=yes}]\ \overline{\text{add}P}\ \langle\text{add}\rangle)$

(2) 约束检查。

$\text{cAg}(\text{verify})::=\text{verify}(\text{message})\cdot[\text{message=verify}]\cdot\tau\cdot(\ \overline{\text{met}}\ \langle\text{F}\rangle\cdot\text{cAg}(\text{verify}))+\overline{\text{met}}\ \langle\text{T}\rangle\cdot\text{cAg}(\text{verify}))$

(3)删除演化操作。

delProcess(sel，met，bas)∷=met(message)·[message=add] $\overline{\text{met}}$ <mov·0+mP>· $\overline{\text{met}}$ <mb>·met(message)·[message=ack]· $\overline{\text{bas}}$ <mov·0+*P*>· $\overline{\text{bas}}$ <mb>·bas(message)·[message = ack]self<T>·addProcess(sel, met, bas))

(4)复合过程。

composeP(bas)∷=bas(message)·[message=baseAdd]·bas(message)·[message=mb]·mb(message)· $\overline{\text{bas}}$ <ack>·basProcess(bas)

删除演化操作的进程在收到删除事件后向演化过程控制发出演化消息，然后生成演化过程执行步骤。通过约束检查，根据已有的约束进行验证。若检查的结果为该删除操作可执行，则执行操作，否则不能进行。

5.5　需求规约冲突问题

SaaS 服务根据租户的演化需求将规格文档形式化表示为服务演化请求后，并不能将该需求规约演化请求直接提交执行，还应该进行冲突检测，即应当对该需求规约演化请求中存在的问题进行检测，并且做相应的处理，主要原因如下。

(1)随着需求规约和需求规模的扩大，描述服务需求的 OWL-S 文档也会变得越来越复杂，需求规约演化请求很可能会产生冗余操作，并使演化的效率急剧降低甚至出错。

(2)当多个需求规约演化请求同时提出时，相同的演化意图可能产生不同的操作，而不同的演化意图可能产生相同的操作，因而需求规约演化请求就有可能存在着内部和外部的冲突。如果这些冲突被带到执行阶段，可能会出错，甚至不能达到演化意图。因此，将需求规约演化请求提交执行之前，必须对潜在冲突进行检测，并将检测结果及时反馈给系统进行处理，必要时要对需求规约演化请求进行重建。

为了避免演化操作执行过程中出现冲突，必须对服务演化请求进行冲突检测、分析和消解。

定义 5.20　需求规约演化请求冲突是执行之前对文档进行检测且返回结果为 False 的对象类型，包括互逆、覆盖、触发、相似四种冲突类型，分别表示为 Inv_Conflict、Adv_Conflict、Tri_Conflict、Sim_Conflict。

(1)Inv_Conflict 是指两个演化操作对需求规约演化请求的直接修改结果被互相抵消的冲突，例如，操作 AddProcess(op)和 DelProcess(op)就是一对互逆冲突操作。

(2)Adv_Conflict 是指两个演化操作对需求规约演化请求的修改结果是类似的冲突，这两个演化操作的执行会降低执行效率，可以进行操作组合。

(3) Tri_Conflict 是指演化操作 op_1 和 op_2 在执行时会相互影响和关联，例如，当演化操作 op_1 执行完成后，演化操作 op_2 就会因为执行条件被破坏而无法执行。

(4) Sim_Conflict 是指演化操作 op_1 和 op_2 在执行时会结果相似，例如，演化操作 op_1 对需求规约演化请求的修改中，已经包含了演化操作 op_2，所有演化操作 op_2 实际上是可以忽略的。

5.5.1 冲突类型

1. *互逆冲突类型*

在需求规约演化请求中，如果演化请求操作集合 REL 或演化约束集合 CEL 中的演化操作存在互逆关系，那么演化请求中就可能存在互逆冲突。假设 REL 中的演化操作之间存在互逆关系，那么这两个演化操作对请求的修改结果互相抵消，因此这两个演化操作从整体上看是冗余的；如果 CEL 中的演化操作之间存在互逆关系，那么将无法对需求规约演化请求进行执行，因为在任何情况下这两个演化操作都不可能同时执行。

定义 5.21　我们称需求规约演化请求中存在互逆冲突 Inv_Conflict，如果满足如下一个或多个条件：

$$\exists op_1, op_2 \in \text{REL},\ \{op_1\} \subseteq \forall \text{Inv\_Conflict} \cdot \{op_2\}$$

$$\exists op_1, op_2 \in \text{CEL},\ \{op_1\} \subseteq \forall \text{Inv\_Conflict} \cdot \{op_2\}$$

需求规约演化请求中的互逆冲突通常发生在多个请求同时发生的情况，例如，一个租户提出服务增加请求，同时另外一个租户提出删除同一服务的请求，这时就会产生冲突。由于互逆冲突会影响到演化执行的过程，所以管理员需要对冲突产生的具体原因进行分析，并重建需求规约演化请求。

2. *覆盖冲突类型*

在需求规约演化请求中，如果两个演化操作之间存在着覆盖关系，两个演化操作从执行结果上看就是冗余的，因为演化的执行结果将导致演化无法继续执行。如果需求规约演化请求中包含具有覆盖关系的两个演化操作，那么说明需求规约演化请求中存在覆盖冲突。对于有些非常复杂的应用，演化请求中的操作类型较多，用户对需求规约演化请求进行形式化表示时，有可能在无意中引入一些有覆盖关系的演化操作，从而导致后期产生大量覆盖冲突。

定义 5.22　我们称需求规约演化请求存在覆盖冲突 Adv_Conflict，如果满足以下条件：

$$\exists op_1, op_2 \in \text{REL},\ \{op_1\} \subseteq \forall \text{Adv\_Conflict} \cdot \{op_2\}$$

从需求规约演化请求实施的角度来看，覆盖冲突是不同阶段引入的演化操作冗余，是演化操作集合质量不高的直接表现。覆盖冲突消解后能够大大提高后续需求规约演化请求的执行效率，即使不处理，也不会对后续演化过程造成错误结果。

3. 触发冲突类型

租户在将演化需求转化为需求规约演化请求时，如果生成的演化操作或者约束操作集合中包含具备触发关系的演化操作，那么该需求规约演化请求就有可能包含触发冲突。

定义 5.23　我们称需求规约演化请求中存在触发冲突 Tri_Conflict，如果满足如下一个或多个条件：

$$\exists \mathrm{op}_1, \mathrm{op}_2 \in \mathrm{CEL},\ \{\mathrm{op}_1\} \subseteq \forall \mathrm{Tri\_Conflict} \cdot \{\mathrm{op}_2\}$$

$$\exists \mathrm{op}_1, \mathrm{op}_2 \in \mathrm{REL},\ \{\mathrm{op}_1\} \subseteq \forall \mathrm{Tri\_Conflict} \cdot \{\mathrm{op}_2\}$$

对于需求规约演化请求中存在的触发冲突而言，如果引起该冲突的演化操作在同一个需求规约演化请求中，那么消解该冲突后，演化效率将得到提高；即使不处理，也不会影响需求规约演化请求的顺利执行。如果引发冲突的演化操作不在同一个需求规约演化请求中，那么必须对此冲突进行消解，否则需求规约演化请求将无法顺利实施。

4. 相似冲突类型

在需求规约演化请求中，如果演化请求操作集合 REL 或演化约束集合 CEL 中的演化操作存在相似关系，需求规约演化请求中就有可能存在相似冲突。与以上冲突不同，相似冲突是一种潜在的冲突，存在相似冲突的需求规约演化请求可能无法完全实施，也可能在实施上没有任何问题。如果演化操作可以进行合并，就能够有效减少 CEL 中演化操作的数量，从而提高后续演化的执行效率；即使不合并，也不会影响该需求规约演化请求的顺利执行。但是，如果二者的操作对象不相同，需求规约演化请求的执行就可能不会受到影响。所以，对相似冲突进行消解时，需要租户针对具体的情况进行个别处理。

定义 5.24　我们称需求规约演化请求存在相似冲突 Sim_Conflict，如果满足如下一个或多个条件：

$$\exists \mathrm{op}_1, \mathrm{op}_2 \in \mathrm{CEL},\ \{\mathrm{op}_1\} \subseteq \forall \mathrm{Sim\_Conflict} \cdot \{\mathrm{op}_2\}$$

$$\exists \mathrm{op}_1, \mathrm{op}_2 \in \mathrm{REL},\ \{\mathrm{op}_1\} \subseteq \forall \mathrm{Sim\_Conflict} \cdot \{\mathrm{op}_2\}$$

$$\exists \mathrm{op}_1 \in \mathrm{CEL}, \mathrm{op}_2 \in \mathrm{REL},\ \{\mathrm{op}_1\} \subseteq \forall \mathrm{Sim\_Conflict} \cdot \{\mathrm{op}_2\}$$

本节对需求规约演化请求的四种冲突类型进行了分析，并对这些冲突的判定和消解方法进行了说明。下面将给出检测冲突、判断冲突类型、消解冲突的具体方法。

5.5.2　冲突检测

下面根据各种冲突类型的产生和判定方法，给出冲突检测算法。

算法 5.2　冲突检测算法 Conflict_Detection(Q)

输入：需求规约演化请求 $Q = (R，\text{REL}，\text{CEL}，P，O)$。

输出：True 或 False，True 说明无冲突，False 说明有冲突。

```
BEGIN
  FOR 对于 R 中的所有演化位置标识 i DO
    BEGIN
      IF O[i]=P THEN
      x=i; /*找到 R 的演化初始位置*/
    END;  /*FOR 循环结束*/
  FOR 对于演化请求操作集合 REL 中的每一个操作 opi DO
    BEGIN
        FOR 对于演化请求操作集合 REL 中的每一个操作 opj DO
        BEGIN
          IF (opi∈Inverse(opj)) OR (opi∈Advanced(opj)) OR (opi∈
                 Triggered(opj)) OR (opi∈Similar(opj)) THEN
            BEGIN
              给变量 ConflictType 赋值冲突类型;
              RETURN False;
              /*检测到演化请求操作集合 REL 存在冲突，返回结果 False*/
            END;
        END;  /*FOR 循环结束*/
    END;  /*FOR 循环结束*/
  FOR 对于演化约束集合 CEL 中的每一个约束操作 opi DO
    BEGIN
        FOR 对于演化约束集合 CEL 中的每一个约束操作 opj  DO
        BEGIN
          IF (opi∈Inverse(opj)) OR (opi∈Advanced(opj)) OR (opi∈
                 Triggered(opj)) OR (opi∈Similar(opj)) THEN
            BEGIN
              给变量 ConflictType 赋值冲突类型;
              RETURN False;
              /*检测到演化约束集合 CEL 中冲突，返回 False*/
            END;
```

```
        END;  /*FOR 循环结束*/
      END;  /*FOR 循环结束*/
    FOR 对于演化请求操作集合 REL 中的每一个操作 opi DO
    BEGIN
    FOR 对于演化约束集合 CEL 中的每一个约束操作 opj  DO
      BEGIN
        IF opi∈Similar(opj) THEN
          BEGIN
            ConflictType=Similar;
            RETURN False;/*检测到相似冲突，返回 False*/
          END;
      END;  /*FOR 循环结束*/
    END;  /*FOR 循环结束*/
    RETURN True; /*没有检测到冲突，返回 True*/
  END /*算法结束*/
```

5.5.3　冲突消解

如果某个需求规约演化请求同时具备上述多个冲突，那么应该按照一定的优先级对这些冲突进行消解。一般来说，从冲突类型上看，互逆冲突优先于覆盖冲突，而覆盖冲突优先于触发冲突，触发冲突优先于相似冲突；从冲突对需求规约演化请求执行的影响上来看，影响演化请求完全实施的冲突应优先于不影响完全实施的冲突。下面给出单个冲突的消解算法。

算法 5.3　冲突消解算法 Conflict_ Eliminate(Q，ConflictType，op_1，op_2)

输入：需求规约演化请求 $Q=(R，REL，CEL，P，O)$；冲突类型 ConflictType={1，2}，两个值分别表示互逆、覆盖冲突类型；发生冲突的两个操作 op_1，op_2。

输出：冲突被消解。

```
BEGIN
  IF ConflictType=1 THEN
    BEGIN /*消解互逆冲突*/
      Dele(op1); /*删除存在互逆关系的两个操作*/
      Dele(op2);
    END;
  IF ConflictType=2 THEN
    BEGIN /*消解覆盖冲突*/
      IF op1 逻辑覆盖 op2 THEN
```

```
          BEGIN
            Dele(op2); /*删除被覆盖的操作*/
          END;
        ELSE
          BEGIN
            Dele(op1); /*删除被覆盖的操作*/
          END;
      END;
  END
```

需要进一步说明的是，触发冲突在同一请求中无须消解；相似冲突需要人工进行主观判断后，根据语义的相似程度才能进行消解，一般无法由算法实现。本书对需求规约演化请求的优化是机器辅助处理前的预处理，如果一个需求规约演化请求不具备任何上述冲突，并不代表该请求一定能够完全实施。但是，通过这四种冲突的分析和消解，可以有效去除请求中明显存在冲突的变化，提高演化的效率。

5.6　服务层的映射规则

从全局的角度描述 OWL-S 到 Pi 演算的服务演化的映射规则，即用 OWL-S 描述的服务需求如何映射到 Pi 演算体系中，并可实现 Pi 演算的验证和逻辑推理。

5.6.1　服务结构

服务结构的主要内容是服务之间的交互，这种交互行为的规则是通过控制结构来实现的。OWL-S 使用其元素来定义一组服务间的交互规则，它可以看作一组活动的容器，而这组活动描述了服务间交互的动作。OWL-S 定义了多种结构来描述这种活动，如并发、顺序执行等结构。

(1)基本活动。基本活动是服务之间的交互，或者多个服务交互的嵌套、组合。基本活动包括无动作活动、无声活动、赋值活动、执行活动、交互活动等类型。

(2)控制结构。控制结构将多个活动组合起来，允许嵌套地描述多个活动之间的顺序，以结构化的方式把其包含的子活动组合起来。控制结构有三种：顺序结构、并行结构和选择结构。

(3)服务单元。一个服务单元规定了一些约束，演化执行动作必须履行这些约束，它描述了一组有条件的迭代执行的子服务。它可以在一个服务单元标签体中将多种控制结构包含进来，由服务单元来控制以决定何时执行。

5.6.2　基本活动的映射规则

1. *无动作活动*(no action activity)

无动作活动是一个标明位置的显式指示符，表示服务不执行任何动作，相当于一种“占位符”，场景假设：按照语法此处需要一个活动，但因为还没有实际需要的活动，所以用无动作活动标记出位置。结构定义如下：

```
<no Action ServerType="RName"/>
```

其中，ServerType 指明哪个服务没有动作。将这个服务的行为抽象为 Pi 演算中的服务 S，则描述为

$$S ::= 0$$

2. *无声活动*(silent action activity)

服务执行一个内部行为的描述，说明某个特定的动作将在这里执行，这个活动含有外部不可观察的操作细节。例如，某个“购买者”用于检查仓库存货的机制对其他参与方而言应该是不可观察的，但是库存水平确实会影响“购买者”的全局可观察行为，这一事实需要说明。因此，虽然该活动不会对其他服务的行为产生任何影响，但该活动是否执行的事实需要被其他服务知晓。结构定义如下：

```
<silent Action ServerType="RName"/>
```

其中，ServerType 指明哪个服务执行了内部动作。将这个服务的行为抽象为 Pi 演算的服务 S，则描述为

$$S ::= \tau \cdot S'$$

3. *赋值活动*(assign activity)

服务内部进行赋值操作，把一个服务的变量值赋给另一个变量。语法如下：

```
<assign ServerType="s">
  <copy name="coname"…>
    <source variable="c1"/>
    <target variable="c2"/>
  </copy>
</assign>
```

其中，ServerType 属性指明了在哪个服务的变量间发生赋值操作。由于服务内部的赋值操作在外部无法看到，通过代换操作来模拟内部的赋值操作。将赋值操作行为

发生的服务抽象为 Pi 演算的服务 S，用信道 ch 表示内部的某一条信道，变量 c1 和 c2 是 S 拥有的变量，描述如下：

$$S ::= \overline{\mathrm{ch}}(\mathrm{c1}) \cdot 0 \mid \mathrm{ch}(\mathrm{c2}) \cdot 0$$

4. 执行活动(perform activity)

执行活动用于组合现有服务创建新的服务。执行活动使一个服务可以指定另一个服务在其定义中的某一点执行，语法如下：

```
<perform flowName="fName"…>
  <bind name="bsname">
    <this variable="a1" ServerName="fName"/>
    <free variable="b1" ServerName="fName"/>
  </bind>
</perform>
```

其中，flowName 指定了被调用的服务的名字；bind 子元素指定了调用者中的变量 a1 传递给被调用者中的变量 b1，也称为变量绑定。执行活动可以有多个 bind 子元素，用以指定多对变量之间的绑定。

将执行活动抽象为服务 S，被调用的服务抽象为服务 S'。设此行为将 n 个调用者的变量 $a_1,a_2,\cdots,a_n$ 绑定到被调用者服务 S' 的变量 $b_1,b_2,\cdots,b_n$ 上，表示为 $S' ::= S'(a_1,a_2,\cdots,a_n)$，$S$ 描述如下：

$$S ::= S'(b_1,b_2,\cdots,b_n)$$

5. 交互活动(interaction activity)

交互活动非常重要，有了前面定义的一些服务的基本元素后，在这里可以给出交互活动定义。一个交互活动是由 interaction 元素标记的，分为请求、应答和请求-应答交互活动。

(1)应答和请求交互活动，描述了两个服务之间的请求-应答交互，其结构的语法如下：

```
<interaction name="iname" channel Type="ch1" operation="iname">
  <participate relationship Type="iname"from ServerType="r1" to
        ServerType ="r2"/>
    <exchange name="iname" action="request">
      <send variable="v1"/>
      <receive variable="v2"/>
    </exchange>
    <exchange name="iname" action="respond">
```

```
      <send variable="v3"/>
      <receive variable="v4"/>
    </exchange>
  </interaction>
```

其中，from ServerType 属性和 to ServerType 属性定义了参与交互的双方；channel Type 属性定义了交互的通道；exchange 定义了一次单向交互，其中 action 属性值决定了该单向交互是 request 还是 respond，send 和 receive 定义了交互双方用于保存发送和接收信息的变量。如果 exchange 元素的 action 属性值为 respond，那么信息的流向是从 to ServerType 到 from ServerType。

将请求-应答行为参与的双方抽象为服务，将 from ServerType 抽象为服务 S_1，将 to ServerType 抽象为服务 S_2，通信的信道名称为 ch1。如果 channel Type 不包含 passing 子元素，两个服务的描述如下：

$$S_1 ::= \overline{\text{ch1}}(\text{v1}) \cdot \text{ch1}(\text{v4}) \cdot S_1'$$

$$S_2 ::= \text{ch1}(\text{v2}) \cdot \text{ch1}(\text{v3}) \cdot S_2'$$

如果 channel Type 包含 passing 子元素，那么应答发生在 passing 子元素所指定的信道上，设这个信道为 ch2，那么 ch1 是 S_1 的输出信道和 S_2 的输入信道，ch2 是 S_2 的输入信道和 S_1 的输出信道。两个服务的描述如下：

$$S_1 ::= \overline{\text{ch1}}(v1) \cdot \overline{\text{ch1}}(\text{ch2}) \cdot \text{ch2}(\text{v4}) \cdot S_1'$$

$$S_2 ::= \text{ch1}(v2) \cdot \text{ch1}(\text{ch2}) \cdot \overline{\text{ch2}}(\text{v3}) \cdot S_2'$$

(2) 请求交互活动。请求交互行为描述了两个角色间的一次单向请求行为，其结构的语法如下：

```
<interaction name="ncname" channel Variable="ch"
  Operation="ncname">
  <participate relationship Type="qname" from ServerType="r1" to
       ServerType ="r2"/>
  <exchange name="ncname" action="request">
    <send variable="v1"/>
    <receive variable="v2"/>
  </exchange>
</interaction>
```

将单向请求行为参与的双方抽象为服务，将 from ServerType 抽象为服务 S_1，to ServerType 抽象为服务 S_2。如果单向请求行为没有相应的单向应答行为相匹配，S_1 和 S_2 的描述形式与上述请求-应答交互中包含 passing 子元素的情况相同，只是其返回值的信道 ch2 不是由 passing 元素指定，而是由服务 S_1 指定。

如果单向请求行为有单向应答行为匹配，设 S_1 和 S_2 之间通信的信道名称为 ch1，S_1 还需要向后续的应答行为提供应答信道 ch2。此时，信息的流向是从 from ServerType 到 to ServerType 的，两个服务的描述如下：

$$S_1 ::= \overline{\mathrm{ch1}}(\mathrm{v1}) \cdot \overline{\mathrm{ch1}}(\mathrm{ch2}) \cdot S_1'$$
$$S_2 ::= \mathrm{ch1}(\mathrm{v2}) \cdot S_2'$$

(3)应答交互活动。应答类型的交互行为描述了两个服务间的一次单向应答行为，其结构的语法如下：

```
<interaction name="ncname" channel Variable="ch"Operation="ncname">
  <participate relationship Type="qname"from ServerType="r1" to
        ServerType="r2"/>
  <exchange name="ncname" action="respond">
    <send variable="v1"/>
    <receive variable="v2"/>
  </exchange>
</interaction>
```

将单向应答行为参与的双方抽象为服务，将 from ServerType 抽象为服务 S_1，to ServerType 抽象为服务 S_2。由于单向应答行为一般都是出现在单向请求行为之后，并和相应的单向请求行为相对应，因此，要求服务 S_2 通过信道 ch1 提供应答信息传输的信道 ch2，而后再进行信息交换。在请求行为中，信息的流向是从 to ServerType 到 from ServerType，两个服务的描述如下：

$$S_1 ::= \mathrm{ch2}(\mathrm{v4}) \cdot S_1'$$
$$S_2 ::= \mathrm{ch1}(\mathrm{ch2}) \cdot \overline{\mathrm{ch2}}(\mathrm{v3}) S_2'$$

5.6.3　服务单元的映射规则

一个服务单元规定了一些约束，在流程中推进和执行动作必须履行这些约束。服务单元也可以用于规定为保证参与方之间共同执行的协作的一致性所需的约束。服务单元描述了一组有条件的迭代执行的子行为。它可以在一个服务标签体中将一个流程的多种流程结构包含进来，服务单元来控制以决定何时执行。服务单元标签提供了简单的控制元素：guard 属性用来决定一个重复迭代是否执行；repeat 属性决定迭代执行或终止的条件；block 属性用于判定以上两种条件是否需要等待相关变量以决定是否继续执行。当属性 guard 为真时，工作单元中包含的子行为被执行一次；接着检查条件 repeat，如果 repeat 为真，则子行为被迭代执行，直到 repeat 为假；用信道输入变量来模拟 block 属性。服务的描述如下：

$$S ::= \overline{\mathrm{ch}}(\mathrm{v})([P_S : g]S' \cdot ![P_S : r]S' + \neg[P_S : g]0)$$

5.7　服务流程层的映射规则

5.7.1　概念映射描述

用 OWL-S 对 SaaS 服务的交互关系和商业流程进行描述，其很多概念和 Pi 演算中形式化描述模型中的概念是相同的，有些概念是模型中没有的，需要建立这些概念与服务形式化描述模型中的概念之间的对应关系。

(1) OWL-S 中定义的组合流程和 Pi 演算形式化模型中的服务对应。

(2) OWL-S 中定义各种行为与 Pi 演算形式化模型中的服务相对应。

(3) 两个 SaaS 服务间的交互关系和 Pi 演算形式化模型中的服务之间的通信行为相对应。

(4) OWL-S 中定义的链接和 Pi 演算形式化模型中的信道相对应。

5.7.2　原子行为的映射规则

OWL-S 中的原子行为包含 SaaS 服务之间的调用、接收、应答行为，内部变量赋值的行为，以及异常、回滚和空操作等行为。下面分别进行描述。

1. 调用行为 (invoke)

调用行为调用一个 SaaS 服务，其定义如下：

```
<invoke partnerLink="iname" portType="pname" operation="oname"
        inputVariable="inname" outputVariable="ouname">
</invoke>
```

调用行为里的 partnerLink、portType、operation 指定了要调用的 SaaS 服务的访问位置，inputVariable 指定了发送的调用参数，outputVariable 指定了接收的调用结果。

将调用行为抽象为服务 S，发送的调用参数抽象为 inVar，接收的调用结果抽象为 outVar。将指定的信道抽象为 chn，信道可以用来发送 inVar，用来接收调用结果的信道抽象为 ret。服务 S 描述如下：

$$S ::= \overline{\mathrm{chn}}(\mathrm{inVar}) \cdot \overline{\mathrm{chn}}(\mathrm{ret}) \cdot \mathrm{ret}(\mathrm{outVar}) \cdot 0$$

2. 接收行为 (receive)

接收行为等待一个调用请求，其定义如下：

```
<receive partnerLink="rname" portType="pname" operation="oname"
      variable="rname">
</receive>
```

接收行为里的 partnerLink、portType、operation 指定了要调用的 SaaS 服务的访问位置，variable 指定了接收的输入参数。

将接收行为抽象为服务 S，接收的输入参数抽象为 inVar，可能发送的返回结果抽象为 outVar。将指定的信道抽象为 chn，信道可以用来接收 inVar。如果接收行为没有相应的应答行为与之对应，但又要输出返回结果，则接收行为需要接收一个信道，用来输出调用结果，这个信道抽象为 ret。服务 S 描述如下：

$$S ::= \mathrm{chn}(\mathrm{inVar}) \cdot \mathrm{chn}(\mathrm{ret}) \cdot \overline{\mathrm{ret}}(\mathrm{outVar}) \cdot 0$$

如果接收行为有相应的应答行为与之对应，则由对应的应答行为返回输出结果。服务 S 描述如下：

$$S ::= \mathrm{chn}(\mathrm{inVar}) \cdot 0$$

3. 应答行为(reply)

应答行为将返回一个结果，其定义如下：

```
<reply partnerLink="rname" portType="pname" operation="oname"
      variable="rname">
</reply>
```

应答行为里的 partnerLink、portType、operation 指定了接收应答的 SaaS 服务的访问位置，variable 指定了返回的应答结果。

将应答行为抽象为服务S,发送的应答结果抽象为Var。将指定的信道抽象为 chn，用来接收输出应答信息的信道。输出应答信息的信道抽象为 ret。服务 S 描述如下：

$$S ::= \mathrm{chn}(\mathrm{ret}) \cdot \overline{\mathrm{ret}}(\mathrm{Var}) \cdot 0$$

4. 赋值行为(assign)

赋值行为用于变量的赋值，其定义如下：

```
<assign>
  <copy>
    <from variable="fname1">
    <to variable="fname2">
  </copy>
</assign>
```

服务内部变量间的赋值动作是内部行为，这个动作服务外界无法观察到，无法用观察到的信道间的输入/输出动作来描述这种内部行为，因此，只能用下面的方法来模拟变量间的赋值。

将赋值行为抽象为服务 *S*，设 ass 为 *S* 的一个内部信道，将变量 fname1 作为信道 ass 的输出，变量 fname2 作为信道 ass 上的输入。这样一来，ass 既是 *S* 的输出信道，也是其输入信道。服务 *S* 描述如下：

$$S ::= \overline{\text{ass}}(\text{fname1}) \cdot 0 \mid \text{ass}(\text{fname2}) \cdot 0$$

5. 异常行为(throw)

异常行为用于抛出异常，其定义如下：

```
<throw faultName="tname" faultVariable="faname">
</throw>
```

每一个异常都应该有一个唯一的名字，并且带有相关的异常参数。服务器根据异常名来捕获异常。给每个服务指定一个用来抛出异常的特殊信道，或者可以随便用一个信道来输出异常参数。

为了模拟异常处理的工作行为，与一般的输出行为相区别，可以用一个指定的特殊信道来输出异常参数。

将异常行为抽象为服务 *S*，设 faultName 为 *S* 拥有的输出信道，专门用来发送异常参数，异常参数 faultVariable 从通道 faultName 输出，这个参数不是服务 *S* 拥有的变量，因此不能用受限制的输出方式。服务 *S* 描述如下：

$$S ::= \overline{\text{faultName}}(\text{faultVariable}) \cdot 0$$

6. 回滚行为(compensate)

回滚行为是执行一个补偿机制，其定义如下：

```
<compensate scope="cname"/>
```

和异常行为类似，回滚行为可以用一个特殊的信道发送服务器的调用激活调用信号 signal。同样，signal 信号也不是某个服务所特有的，因此，它也不是受限制的名字，不能用受限制的输出方式。

将回滚行为抽象为服务 *S*，设 act 为 *S* 拥有的输出信道，专门用来发送调用激活信号 signal。服务 *S* 描述如下：

$$S ::= \overline{\text{act}}(\text{signal}) \cdot 0$$

7. 空操作行为(empty)

空操作行为代表一个没有任何动作的行为，可以用已经结束了的服务对其进行描述，用服务 S 代表空操作行为的抽象。服务 S 描述如下：

$$S ::= 0$$

5.7.3 流程结构的映射规则

1. 顺序结构(sequence)

顺序结构定义了一组顺序执行的行为，描述如下：

```
<sequence>
  activity+
</sequence>
```

其中，activity+是一个或者多个行为的简写形式，将每一个行为抽象为子服务 $S_1,S_2,\cdots,S_n$，顺序结构抽象为服务 S。服务 S 描述如下：

$$S ::= S_1 \cdot S_2 \cdots\cdots S_n$$

2. 并发结构(flow)

并发结构定义了一组并发执行的行为，描述如下：

```
<flow>
  activity+
</flow>
```

其中，activity+是一个或者多个行为的简写形式，将每一个行为抽象为子服务 $S_1,S_2,\cdots,S_n$，并发结构抽象为服务 S。服务 S 描述如下：

$$S ::= S_1 \mid S_2 \mid \cdots \mid S_n$$

3. 条件选择结构(switch)

条件选择结构根据一个或多个选择条件分支，从若干行为中选择一个执行，描述如下：

```
<switch>
  <case condition="bool-expr">
    activity
  </case>
  <otherwise>
    Activity
  </otherwise>
</switch>
```

条件选择结构里的条件判断为布尔表达式，根据不同的值执行相应的行为。将条件选择结构抽象为服务 S，将 n 个条件判断表达式抽象为服务 S 的 n 个命题 $p_1, p_2, \cdots, p_n$，$S_1, S_2, \cdots, S_n$ 表示相应命题为真时要执行的行为对应的服务，S_D 表示条件全部满足时要执行的缺省子行为对应的服务。服务 S 描述如下：

$$S ::= \sum_{i=1}^{n} p_i S_i + \neg p_1 \neg p_2 \cdots \neg p_n S_D$$

4. 事件选择结构(pick)

事件选择结构等待一个事件集合中的某个事件发生，然后完成和这个事件相联系的行为。每个事件选择结构的元素至少包含一个 onMessage 元素，其结构定义如下：

```
<pick>
  <onMessage partnerLink="mname" portType="pname"operation=
        "pname"variable="vname">
    Activity+
  </onMessage>
</pick>
```

事件选择结构的 onMessage 元素包含的 partnerLink、portType、operation 指定了某个事件用于接收输入参数 variable 的通道。

将事件选择结构抽象为服务 S，包含 n 个事件的集合分别和其联系的行为抽象对应的服务 $S_1, S_2, \cdots, S_n$，用从特定的信道接收特定的参数来模拟等待某个事件发生的情况，用于接收输入参数的特定信道抽象为 $\text{chn}_1, \text{chn}_2, \cdots, \text{chn}_n$，从特定信道接收的特定输入参数抽象为 $\text{var}_1, \text{var}_2, \cdots, \text{var}_n$。服务 S 描述如下：

$$S ::= \sum_{i=1}^{n} \text{chn}_i(\text{var}) S_i$$

5. 循环结构(while)

循环结构表示其包含的行为被重复执行，直到某个条件不再满足时停止，其结构定义如下：

```
<while condition="bool-expr">
  Activity
</while>
```

将循环结构抽象为服务 S，将其迭代终止条件 condition 抽象为命题 p，用 S' 表示循环结构中需要重复执行的行为对应的服务。服务 S 描述如下：

$$S ::= !pS' + \neg p0$$

5.7.4　异常处理的映射规则

当事件抛出异常时，应预设处理机制，即异常处理机制，异常处理结构描述如下：

```
<faultHandler>
  <catch faultName="cname" faultVariable="fname">
    Activity
  </catch>
</faultHandler>
```

当异常被捕获以后，会根据 faultName(唯一)执行相应的行为，用 faultVariable 描述相应的异常信息。

将异常处理行为抽象为服务 S。包含可以被捕获的 n 个异常，异常相对应的行为抽象为 $S_1, S_2, \cdots, S_n$，用于接收输入异常参数的通道抽象为 $f$chn，输入异常的参数抽象为 $f$var，可以处理的异常参数为 $\text{var}_1, \text{var}_2, \cdots, \text{var}_n$，用命题表示输入的参数 $f$var 为可以处理的第 i 个异常 p_i。服务 S 需要一直监听并及时捕获异常，因此 S 应该为一个不断复制的服务。服务 S 描述如下：

$$S ::= !(f\text{chn}(f\text{var}) \cdot \sum_{i=1}^{n} p_i \cdot S_i)$$

5.7.5　事件触发的映射规则

当事件被触发时，就将进行相应的处理，其结构描述如下：

```
<eventHandler>
  <onMessage partnerLink="pname" portType="qname" operation=
       "ncname" Variable="ncname">
    Activity
  </onMessage>
</eventHandler>
```

在事件触发行为中，onMessage 元素的语义和 pick 行为里一致，由 partnerLink、portType、operation 指定了事件接收的通道，variable 指定了事件参数，activity 指定了事件发生后执行的行为。

将事件触发行为抽象为服务 S，其处理的事件个数为 n，事件相联系的行为抽象为 $S_1, S_2, \cdots, S_n$，用于接收输入参数的通道抽象为 $\text{chn}_1, \text{chn}_2, \cdots, \text{chn}_n$，接收的输入参数抽象为 $\text{var}_1, \text{var}_2, \cdots, \text{var}_n$，事件触发行为和 pick 行为的不同之处在于：事件触发行为要不停地监听事件的发生并执行相应的行为，因此我们要用 AS-REP 来描述事件处理器的行为，此时我们认为命题一直为 True。服务 S 描述如下：

$$S ::= !(\sum_{i=1}^{n} \text{chn}_i(\text{var}) \cdot S_i)$$

5.7.6　事件回滚的映射规则

在事件执行过程中，需要回滚并进行补偿处理，其结构描述如下：

```
<compensationHandler>
  activity
</compensationHandler>
```

将事件回滚行为抽象为服务 S，其监听的信道为 act，必须和 compensate 的激活信道有相同的名字。收到信号后执行的相应行为抽象为服务 S'。服务 S 描述如下：

$$S ::= \text{act}(\text{signal}) \cdot S_i$$

5.8　本 章 小 结

本章通过深入分析 SaaS 服务需求的新特征，基于现有研究成果实现需求的描述方法。建立需求演化模型，实现 SaaS 服务需求的演化过程。通过研究 OWL-S 描述的需求规约到 Pi 演算的映射规则，实现需求规约演化到服务和流程演化的描述和转换。分析需求冲突的类型，给出检测和消解冲突的方法。

SaaS 服务需求的演化是实现 SaaS 服务演化过程的驱动力，通过映射转换建立了需求层到流程、服务层的桥梁，并通过解决冲突问题保证需求演化的正确性。为后续章节采用 Pi 演算建立模型和实现演化提供衔接和支撑作用。

第 6 章　SaaS 服务流程演化

当 SaaS 服务的需求规约发生演化时，服务流程应该能够根据需求演化结果自动发生变化，即将需求演化结果传递给服务流程，并执行演化操作过程。因此，本章需要考虑两个问题，首先是如何实现需求演化结果驱动服务流程演化；其次是如何实现服务流程演化过程并保证演化的正确性。目前的流程演化研究成果大部分都是采用版本变更管理的方法，即为演化后的流程赋予一个高的版本号，已经执行过的或者正在执行的流程对于演化无法作出反应。因此，如何以需求演化为基础，利用 Pi 演算工具对 SaaS 服务流程进行描述、演化建模和互模拟分析是本章需要解决的问题，服务流程簇膨胀和服务流程验证也是本章需要考虑的问题。

6.1　服务流程演化过程定义

SaaS 服务流程演化可以采用需求驱动的演化方式[16]。第 5 章已经定义了需求规约的演化方法和模型，如何基于已完成演化的需求来驱动 SaaS 服务流程的演化是本章讨论的重点。图 6.1 给出了 SaaS 服务流程演化的基本过程。

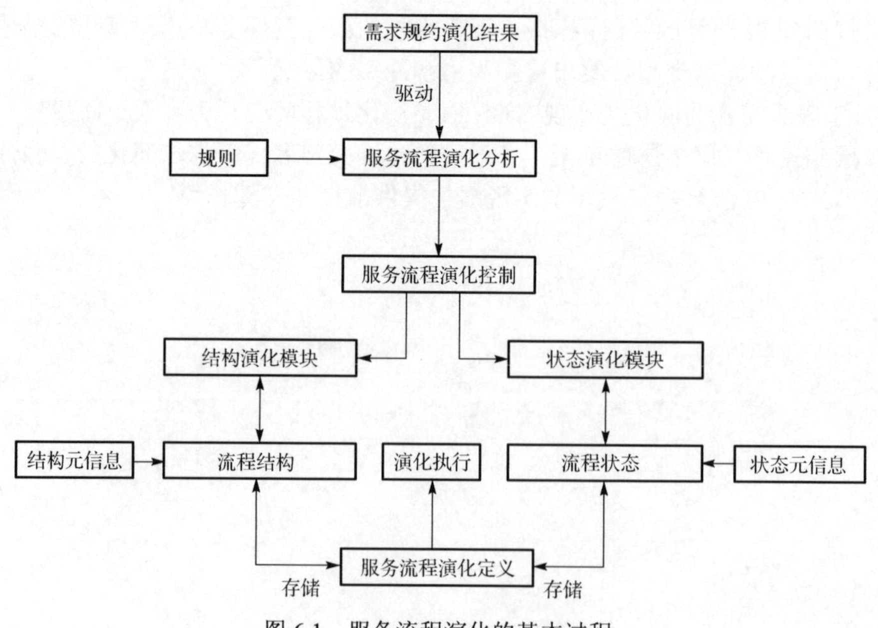

图 6.1　服务流程演化的基本过程

SaaS 服务流程可以分解成具有层次结构的一些服务流程块，而且每个服务流程块都只有单一的入口和单一的出口。另外，服务流程块之间按照逻辑关系连接成服务流程。下面给出服务流程块的概念。

定义 6.1　服务流程块是一组服务组成的逻辑单元，这个逻辑单元只能有唯一的入口和唯一的出口。

服务流程块根据连接关系和出入口的不同，可以分为四种组合类型。

(1) 顺序块类型。若干服务流程块按照一定的顺序连接而成的块。这些服务流程块是用节点串联起来的，有特定的顺序。通常一个单独的服务是一个最简单的顺序块。

(2) 并行块类型。由多个需要同时执行的服务流程块组成。这些服务流程块都是从同一个节点开始并且到另一个节点结束的。在一个并行服务流程块执行的时候，它的子流程块将一起被触发并执行，等到所有的子流程块都执行完毕的时候该服务流程块才算执行完毕。

(3) 多选块类型。由多个服务流程块组成，但是在执行的时候只会选择某个满足特定条件的服务流程块执行。这些服务流程块都是从同一个节点开始并且从另一个节点结束的。

(4) 循环块类型。触发后开始循环执行，直到满足某个条件的时候才终止的服务流程块。这个服务流程块由一个节点开始并且在另一个节点处结束。

要使一个 SaaS 服务运行时发生改变并有效控制，必须对系统的流程元信息进行描述，称为服务流程元信息，包括结构元信息和状态元信息。

6.1.1　服务流程结构

流程结构元信息要描述服务流程三个方面的结构：服务元结构、流程变量结构和相关集结构。因此，结构元信息用三个集合描述：服务元信息的集合、变量元信息的集合和相关集元信息的集合。

定义 6.2　流程结构元信息 FS 是一个三元组(SA，SV，SR)。

(1) SA 是服务元信息集合。由活动 ID、服务类型、子服务、前驱输入、后继输出、属性列表、演化标志组成，即 SA=(SA_id，SA_type，SA_sub，SA_pre，SA_next，SA_list，SA_mark)。

(2) SV 是变量元信息集合。由变量名、消息类型、演化标志组成，即 SV= (SV_name，SV_type，SA_mark)。

(3) SR 是相关集元信息集合。由相关集名、属性、演化标志组成，即 SR=(SR_name，SR_property，SR_mark)。

这里的演化标志指示该流程是否被执行过修改、删除和创建等演化操作。

6.1.2 服务流程状态

服务流程状态元信息由两部分组成：服务流程基本信息和执行进度信息（活动状态的集合）。

定义 6.3 流程状态元信息 FC 是一个二元组（CX，CP）。

（1）CX 是基本信息集合。由流程 ID、流程过程名、版本号、流程状态组成，即 CX=（CX_id，CX_name，CX_version，CX_status）。

（2）CP 是执行进度信息，由<活动，状态>这样的二元组构成的集合来表示，即 CP=（CP_active，CP_status）。

6.1.3 服务流程演化规则

在服务流程演化的基本过程中，演化通过需求演化结果和演化规则驱动。需求的演化在第 5 章已经分析和描述，本节主要描述流程演化规则。服务流程演化规则有两个用途：一是用来限制服务流程被随意修改；二是用于对正在运行的服务流程的修改。

服务流程演化规则是在服务流程被演化之前被激活，并能够根据条件生成流程演化脚本，所以该规则应该具有两部分内容：条件表达式和动作表达式。

定义 6.4 服务流程演化规则 R 是一个二元组（C，A）。其中，C 表示条件表达式，描述了在什么样的条件下，该条规则应该被激活；A 表示动作，描述该规则在激活后要对服务流程进行什么样的修改。

条件表达式 C 用来描述在什么前提下，该演化规则可以被激活。C 可以是一个简单的真假判断语句，也可以是用一系列逻辑词语连接起来的若干判断语句。当要演化一个 SaaS 服务流程的时候，根据服务流程状态元信息 FC 中的流程状态 CX_status和服务流程结构元信息 FS 中的演化标志 SR_mark，可以计算出条件的真假性。

动作表达式 A 就是对服务流程演化之前的规则匹配。每一个动作可以由多个原子动作构成。可以很清楚地看出每一个动作影响到的是哪一个服务流程块，从而更加容易判断两个动作是否存在冲突。

定义 6.5 逆动作。对于动作 A_1，如果存在动作 A_2 使得 A_1 作用于服务流程后 A_2 又接着作用于该服务流程，服务流程不发生任何变化，那么 A_2 就称为 A_1 的逆动作，表示为 $A_2=!A_1$。

定义 6.6 逆规则。演化规则 R（C，A）的逆规则 $!R=R'$（$!C$，$!A$）。

逆规则是与该演化规则在相反的条件下，执行相反的动作。通过逆规则，可以使服务流程演化操作回溯，即支持演化过程回滚。

6.2　服务流程的 Pi 演算描述

6.2.1　服务流程表示

利用 Pi 形式化描述 SaaS 服务流程，有三个问题必须解决[9]：①SaaS 服务流程的元素如何与 Pi 演算的基本元素对应；②用户个性化需求如何体现在 SaaS 服务流程中；③如何用 Pi 演算来形式化地描述 SaaS 服务流程。将服务表示为 Pi 演算的进程，任务或活动之间的交互对应 Pi 演算的活动，服务之间的消息传递对应 Pi 演算中进程接收和输出的信息。SaaS 服务流程与 Pi 演算元素对应关系如表 6.1 所示。

表 6.1　SaaS 服务流程与 Pi 演算元素对应关系

SaaS 服务流程	Pi 演算
服务	进程
服务流程块	进程表达式
操作(任务)	活动
非功能特征	代数结构元素
交互	通道
消息	消息
传递	输入/输出

SaaS 服务流程是一系列任务的集合，这些任务按照一定的逻辑关系执行，给出其形式化定义。

定义 6.7　SaaS 服务流程是一个三元组 $F=(\mathrm{fid}, B, R)$。其中，fid 是一个流程的唯一标识，在同一个 SaaS 应用中 fid 是唯一的；B 是一个服务流程块(进程表达式)的集合；R 是约束规则集合。约束规则集合与 Pi 演算元素的对应关系如表 6.2 所示。

表 6.2　约束规则集合与 Pi 演算元素的对应关系

约束规则集合	Pi 演算
事件	输入前缀
条件	匹配前缀
内部动作	内部动作

如果一个流程的服务定义时没有输入前缀，则该服务表示为一个开始服务，如果一个服务定义时没有后置条件，则该服务表示最后服务，如服务流程的 P 定义为 $x|[a=b]\,|S|y|0$，这里的 x 表示输入前缀，y 为后置条件，当满足 a 等于 b 时执行内部服务 S。

6.2.2 服务流程结构描述

服务流程块是一组服务组成的逻辑单元，这个逻辑单元只能有唯一的入口和唯一的出口。因为服务流程块可以是单独的服务，也可以由多个服务组成，所以可以将服务流程块看成组成服务流程的原子结构，在此我们先不关心服务流程块的内部细节，只考虑块之间的关系。下面给出 SaaS 服务流程块的 Pi 演算描述定义。

定义 6.8 SaaS 服务流程块是一个五元组 SB =(*S*，FS，FC，*I*，*O*)。其中，*S* 为块中服务的集合；FS 是流程结构元信息；FC 是流程状态元信息；*I* 是流程块的唯一入口(源服务)；*O* 是流程块的唯一出口(目标服务)。SaaS 服务流程块 Pi 演算定义为

$$\mathrm{SB}(i,j,p,n)=i\cdot(\vee x)(\overline{p}<\mathrm{sv},x>\cdot x(y))\cdot(\vee z)(\overline{r}<y,z>\cdot z(o))\cdot\overline{n}<o>\cdot\overline{j}$$

其中，*i*、*j* 分别为块的输出通道和输入通道，也是流程的接收起始命令和接收结束消息的通道；*p*、*n* 为流程结构元信息中的前驱和后继动作；sv 为流程传递变量(数据)。

算法 6.1 SaaS 服务流程演化规则匹配算法 Rule_ Matching(*R*，*F*，*Q*)

输入：SaaS 服务流程演化规则 *R*=(*C*，*A*)；SaaS 服务流程 *F* =(fid，*B*，*R*)；无冲突的需求规约演化请求 *Q*=(R，REL，CEL，*P*，*O*)。

输出：演化动作标号数组 *a*[*n*]。

```
BEGIN
  FOR 对于需求规约演化请求 Q 中的演化操作集合 CEL 的元素 opi DO
    BEGIN
      i=0;                          /*初始化 i*/
      a[i]=0;                       /*初始化演化动作标号数组*/
condition1=B·FS·SR_mark;            /*把 SaaS 服务流程状态元信息 FC 中的流程状态
                                       CX_status作为流程是否被使用的条件*/
condition2=B·FC·CX_status;          /*把 SaaS 服务流程结构元信息 FS 中的演化标志
                                       SR_mark 作为是否可演化的条件*/
IF 演化动作 A 与 opi 对应 THEN
    BEGIN
      IF condition1 and condition2 and C THEN
        BEGIN
          a[0]=fid;
          /*所有条件满足，流程编号作为演化动作标号存入数组*/
          把 B·FC·CX_status的状态置为正在演化;
        END;
    END;                       /*FOR 循环结束*/
```

```
        a[i]等于 A 标号;     /*演化规则的动作标号存入数组*/
END                          /*算法结束*/
```

复杂服务流程是由块组合而成的,块之间的组合方式是接下来研究的主要问题。

1. 流程块顺序组合

SaaS 服务流程块 SB_1, SB_2, …, SB_n 依次执行的组合称为流程块顺序组合 SB_{seq}。SB_{seq} 形式化定义为

$$SB_{seq}(i,j,SB_n)=i\cdot(\vee x)(\vee y)(\vee a_1,a_2,\cdots,a_n)(SB_1(i,a_1,x,y)\,|\,SB_2(a_1,a_2,x,y)\,|\cdots|\,SB_n(a_{n-1},a_n,x,y))\cdot\overline{j}$$

其中,i、j 分别为流程的初始输出通道和结束输入通道,也是流程的接收起始命令和接收结束消息的通道,SB_1,…,SB_n 是 SaaS 服务流程块。

流程块顺序组合在接收启动命令后,从第一个流程块开始执行,首先对初始输出通道 i 发出命令,而后顺序执行活动,当收到最后一个活动结束的消息后顺序执行过程结束。

2. 流程块并行组合

两个或两个以上的 SaaS 服务流程块及条件<SB_1,C_1>,<SB_2,C_2>,…,<SB_n,C_n>,在条件 C_n 满足时,SB_n 执行,称为流程块并行组合 SB_{par}。流程块并行组合根据并行分支的合并方式不同,分为并行或组合和并行与组合。

(1)并行或组合。只要有一个分支结束,流程就结束的并行组合活动称为并行或组合 SB_{par_or},形式化定义为

$$SB_{par\_or}(i',j',i_n,j_n,SB_n,C_n)=i'\cdot((\vee a_1,a_2,\cdots,a_n)(\vee c_1,c_2,\cdots,c_n)$$

$$((\vee x_1,y_1)\overline{b}<c_1,x_1>\cdot x_1(y_1)\cdot([y_1=T](\overline{i_1}\,|\,SB_1(i_1,a_1,x',y')))\,|\cdots$$
$$|\,(\vee x_n,y_n)\overline{b}<c_n,x_n>\cdot x_n(y_n)\cdot([y_n=T](\overline{i_n}\,|\,SB_n(i_n,a_n,x',y')))\,|$$

$$(j_1+j_2+\cdots+j_n)\cdot j'))$$

其中,i',j'分别为流程的初始输出通道和结束输入通道,也是流程的接收起始命令和接收结束消息的通道;i_n 和 j_n 是每一个流程块的初始输出和输入通道;SB_1,…,SB_n 是 SaaS 服务流程块,c_1,…,c_n 是执行块的条件,当 c_n 条件满足时执行对应的 SB_n。

(2)并行与组合。只有所有分支都结束后,流程才结束的并行组合称为并行与组合 SB_{par_and},形式化定义为

$$SB_{par\_and}(i',j',i_n,j_n,SB_n,C_n)=i'\cdot((\vee a_1,a_2,\cdots,a_n)(\vee c_1,c_2,\cdots,c_n)$$

$$((\vee x_1,y_1)\overline{b}<c_1,x_1>\cdot x_1(y_1)\cdot([y_1=T](\overline{i_1}\,|\,\mathrm{SB}_1(i_1,a_1,x',y')+[y_1=F]\overline{j_1}))\,|\cdots$$
$$|\,(\vee x_n,y_n)\overline{b}<c_n,x_n>\cdot x_n(y_n)\cdot([y_n=T](\overline{i_n}\,|\,\mathrm{SB}_n(i_n,a_n,x',y')+[y_n=F]\overline{j_n}))\,|$$
$$(j_1\,|\,j_2\,|\cdots|\,j_n)\cdot j'))$$

表达式含义与并行或组合的类似，不同的是只有所有条件 c_1，…，c_n 满足并执行完成后，流程才结束。

3. 流程块循环组合

表示为 $\mathrm{SB}_{\mathrm{cir}}$={$\mathrm{SB}_1$，…，$\mathrm{SB}_n$，$C$}，流程块 SB_1，…，SB_n 组成一个循环体，它们在体内顺序执行，SB_1 和 SB_n 分别是循环的入口和出口，C 为退出循环的条件，即 SB_n 执行结束后，若条件 C 的值为真，则循环组合活动结束，否则重新开始执行活动 SB_1。形式化定义为

$$\mathrm{SB}_{\mathrm{cir}}(i,j,\mathrm{SB}_n,c)=i\cdot((\vee x)[x=c]\cdot j)\,|\,\mathrm{SB}_{\mathrm{cir\_sub}}(i,\mathrm{SB}_n,c),$$

$$\mathrm{SB}_{\mathrm{cir\_sub}}(i,\mathrm{SB}_n,c)=(\vee y)(\vee a_1,a_2,\cdots,a_n)(\mathrm{SB}_1(i,a_1,y)\,|\cdots$$
$$|\,\mathrm{SB}_n(a_{n-1},a_n,y)\,|\,(\vee z)(a_n\cdot\overline{b}<c,z>\cdot z(v)\cdot([v=T]\overline{j}+$$
$$[v=F](\vee i_n)\mathrm{SB}_{\mathrm{cir\_sub}}(i_n,\mathrm{SB}_n,c))))$$

流程块循环组合的形式化定义是一个递归过程，i 和 j 这两个通道分别是循环的入口和出口，退出循环的条件为 C。

6.3 服务流程演化模型

6.3.1 演化模型

在租户需求的驱动下，SaaS 服务流程将不断演化[54]，而演化之前的流程可能因为租户还在使用而必须保留，为了使演化有序进行，引入 SaaS 服务流程簇的概念[55]。

定义 6.9 SaaS 服务流程簇 MSet 定义为 SaaS 服务流程的集合，即 MSet={ x |x ∈F}。所有流程的服务集合并集为服务全集，交集可能非空。

服务流程演化是系统根据需求将一个流程进化到一个新流程的过程，演化形式为 $P\xrightarrow{(a,c)}Q$，(a，c)是需求使能集合 π_{Act} 中的一个活动元素，表示流程 P 经过活动(a，c)进化为流程 Q。其中，a::=x—y|x(y)|τ 描述了该元素的动作，c 是一个描述元素非功能性特征的元组[56]。

定义 6.10 SaaS 服务流程演化模型定义为四元组 SSFM =(F_0，F，π_{Act}，→)。其中，F 是目标服务流程；F_0 是初始服务流程；π_{Act} 是演化使能集合；→是演化变迁关

系，每个演化变迁包含源流程 F_0、动作 a、特性元组 c 和目标流程 F'，记为 $F \xrightarrow{(a,c)} F'$。

SSFM 的演化变迁关系动作如下。

(1) 自动操作规则 TAU-ACT：$(\tau,c)\cdot F \xrightarrow{(\tau,c)} F'$，表示在任何情况下，流程$(\tau, c)\cdot F$ 在动作 τ 和特性元组 c 的作用下演化为 F'。

(2) 输出操作规则 OUTPUT-ACT：$(\overline{x}<y>,c)\cdot F \xrightarrow{(\overline{x}<y>,c)} F'$，表示在流程 $(\overline{x}<y>,c)\cdot F$ 前面增加端口为 x，输出为 y，特性为 c 的动作后演化为新的流程 F'。

(3) 输入操作规则 INPUT- ACT：$(x(z),c)\cdot F \xrightarrow{(x(w),c)} F\{w/z\} w \notin \mathrm{fn}((z)F)$，表示只要动作 w 不在原流程 F 中，就可以用动作 w 和特性 c 替代动作 z。其中，w 不在 F 的自由名称集合中。

(4) 和式操作规则 SUM：$F \xrightarrow{(a,c)} F' \Rightarrow F+G \xrightarrow{(a,c)} F'$，表示若流程 F 可以演化为流程 F'，那么流程 F+G 也可以演化到 F'。

(5) 匹配操作规则 MATCH：$F \xrightarrow{(a,c)} F' \Rightarrow [x=x]F \xrightarrow{(a,c)} F'$，$[x=x]F$ 表示相互匹配的流程。

此外，还有合并、打开、关闭等演化操作规则，表示服务流程演化变迁过程的基本动作规范，在此不作赘述。

扩展 Pi 演算只是在经典 Pi 演算的基础上扩展了非功能性方面的表达能力，并没有对 Pi 演算的基本性质进行扩展，所以它继承了 Pi 演算的移动性理论、强弱模拟理论和观察等价理论[57]。

6.3.2　演化执行

要完成一个 SaaS 服务流程的演化，需要完成的准备工作包括：①利用演化规则和需求演化结果确定服务流程演化的位置和内容；②修改需求演化结果和相应的描述文档。当演化条件满足的时候，演化控制会启动一个演化进程。完成一个流程演化可以分为两个阶段：①修改流程定义文档，根据控制模块发出的指令修改流程的结构元信息 FS 和状态元信息 FC，完成流程定义文档的修改；②必要时修改演化规则[58]。因此，对服务流程演化信息的修改就需要同时修改这两处。

服务流程演化的过程如下：演化控制模块访问已经匹配的规则，读入演化规则文档和相应的需求演化文档；演化控制将修改后的服务流程结构和状态演化结果通过持久化机制保存起来；最后，完成修改流程。演化控制可以得到相应的流程变化执行信息。演化控制首先将这个执行暂停，并创建结构元信息和状态元信息对象[59]，然后演化控制将具体的演化操作委托给演化执行模块来完成。

算法 6.2　SaaS 服务流程演化执行算法 Flow_Evolution(MSet，R，$a[n]$，Q)

输入：SaaS 服务流程簇 MSet 集合，其元素是 SaaS 服务流程 F =(fid，B，R)；

演化规则 R=(C，A)；演化动作标号数组 $a[n]$；无冲突的需求规约演化请求 Q=(R，REL，CEL，P，O)。

输出：True 或 False。

```
BEGIN
    FOR SaaS 服务流程簇 MSet 中的每一个服务流程 Fi DO
        BEGIN   /*循环确定需演化的服务流程*/
            IF a[i]与 Fi 中的 fid 不匹配 THEN
                BEGIN
                    继续寻找下一个流程 Fi+1;
                END;
            ELSE  /*确定需演化的服务流程 Fi*/
        BEGIN
            修改 Q 中的需求规约;
            Fi·B·FS 中的(SA_id, SA_type, SA_sub, SA_pre,  SA_next,
                SA_list,  SA_mark)更新;
                    /*修改 Fi 中对流程块的流程结构信息中的相应定义信息*/
                Fi·B·FS 中的(SV_name, SV_type, SA_mark)更新;
                    /*修改 Fi 中的变量元信息定义*/
                Fi·B·FS 中的(SR_name, SR_property, SR_mark)更新;
                    /*修改 Fi 中的相关集元信息定义*/
                IF  Fi·B·FC 中的流程状态 CX_status标识为可演化 THEN
                    BEGIN
                        把执行进度状态 CP_status 置为演化状态;
                    END;
                ELSE
            BEGIN
                RETURN False;        /*无法执行演化，退出程序*/
            END;
            激活控制模块 Control;
            Control·read(R·A);   /*控制模块读取对应规则中的动作*/
            Control·execute(Fi, R·A);
                                    /*控制模块对服务流程 Fi 执行演化动作*/
            IF 控制模块执行演化动作返回 True THEN
                BEGIN
                    Control·save(Fi·B·FS,  Fi·B·FC);
                        /*控制模块保存服务流程 Fi 结构和状态信息*/
                    执行进度状态 CP_status 设置为演化结束;
                    RERURN True;
                END;
            ELSE
                BEGIN
```

```
                    Control·rollback(); /*无法演化，执行回滚*/
                    RERURN False;
                END;
            END;
        END;
END
```

6.4　服务流程互模拟程度分析

SaaS 服务流程演化的目标是满足租户需求。通过分析和验证服务流程演化的需求可实现性、完整性和互模拟程度，说明模型的合理性和有效性。互模拟理论通常用于研究并发进程之间是否具有相同的行为，将非功能性特性引入其中后，不仅可观察行为方面的模拟情况，还需要研究流程在多大程度上能够互相模拟和区别的问题[60]。扩展 Pi 演算互模拟是在 Pi 演算基本定义的基础上，对互模拟定义进行扩展。

定义 6.11　设 $S=(F_0, F, \pi_{\text{Act}}, \rightarrow)$是一个 SaaS 服务流程演化模型，$\mathfrak{R}$ 是 MSet 上的二元关系。如果对于任意 $F\mathfrak{R}G$，下面的条件成立，则称 $\mathfrak{R}$ 是 S 上的一个互模拟关系。

(1) 若 $F\xrightarrow{(a,c)}F'$ 且 a 是一个自由动作，则存在 G 使得 $G\xrightarrow{(a,c)}G'$ 且 $F'\mathfrak{R}G'$。

(2) 若 $F\xrightarrow{(x(y),c)}F'$，$y\notin n(F,G)$，则存在 G'使得 $G\xrightarrow{(x(y),c)}G'$ 且对于所有的 w 有 $F'\{w/y\}\mathfrak{R}G'\{w/y\}$。

(3) 若 $F\xrightarrow{(\overline{x}<y>,c)}F'$，$y\notin n(F,G)$，则有 G'，使得 $G\xrightarrow{(\overline{x}<y>,c)}G'$ 且 $F'\mathfrak{R}G'$。

互模拟首先要求 G 能模拟 F 的行为，若 F 通过执行动作 a 演化为 F'，则存在 G 能够通过执行动作 a 演化为 G'；其次要求非功能特性 c 也是相同的，即若 F 执行动作 a 的非功能特性为 c，则要求 G 执行动作演化为 G'的非功能特性也为 c。使用互模拟研究服务流程演化时只有演化前后动作和非功能特性完全一致才认为是互模拟，此定义过于严格，限制了其描述能力和实用范围。因此，本书引入互模拟程度的概念，用于比较演化前后两个流程在多大程度上是相似的。

定义 6.12　互模拟程度空间定义为二元组(π_{Act}, ρ)，ρ 是从 $\pi_{\text{Act}}\times\pi_{\text{Act}}$ 到 $[0,\infty]$ 的映射，并满足：

(1) 若 $c=c'$，则 $\rho((a,c),(a,c'))=0$；

(2) 若 $c\neq c'$，则 $\rho((a,c),(a,c'))=N$，(N 为正整数)；

(3) 若 $a\neq b$，则 $\rho((a,c),(b,c'))=\infty$；

(4) 对任意 a，b，$d\in A$，有 $\rho((a, c), (b, c'))\leqslant\rho((a, c), (d, c''))+\rho((d, c''), (b, c'))$。

互模拟程度以量化的方式描述流程演化前后行为与非功能性的差异，若 ρ 为正无穷，则说明两者动作不同，不具有相似性；若 ρ 为一个正整数则说明两者具有相同的动作，但非功能特性有所不同，ρ 越小说明在动作相同的前提下非功能特性越接近；若 ρ 为 0 则说明在活动与特性两方面都完全一致，是一种理想情况。互模拟程度的量化可以从功能性行为和非功能性特性两方面对流程演化前后进行比较，对于不同的方面可引入具体的互相似距离计算方法来比较不同演化的近似程度，可以通过设定阈值和比较阈值来选择不同的服务流程。

算法 6.3 互模拟空间测量算法 Simulation_Measure(F，F_0，π_{Act})

输入：初始流程 F_0，目标流程 F，演化使能集合 π_{Act}。

输出：互模拟程度空间的测量结果。

```
BEGIN
  需求使能集合 π_Act 转换成二维数组 A;  /*预处理，简化需求使能集合*/
  定义阈值为 M;
  定义一个大整数 N;                      /*用于表示∞*/
  FOR 对于数组 A 的每一个元素 A[i][j] DO
    BEGIN
      IF F_0 经过 A[i][j]对应的操作活动 F THEN
      BEGIN
        B[m][n]=A[i][j];      /*确定对应的需求使能活动*/
        END;
    END;
    FOR 对于数组 B 的每一个元素 B[n][m] DO
    BEGIN
      IF (B[n][m]对应的 c = A[i][j]对应的 c) and (B[n][m]对应的 a = A[i][j]
          对应的 a) THEN
      BEGIN
        ρ=0;                                /*活动与特性两个方面完全一致*/
      END;
        IF (B[n][m]对应的 c≠A[i][j]对应的 c) and (B[n][m]对应的 a=
          A[i][j]对应的 a) THEN
      BEGIN
        ρ=quantify ((a, c), (a, c')); /*对模拟程度进行量化*/
      END;
      IF ((B[n][m]对应的 a≠A[i][j]对应的 a) THEN
      BEGIN
```

```
        ρ=N; /*动作不同，不具有相似性*/
      END;
      IF ρ<=M THEN
        BEGIN
        返回可以接受的测量结果;
        END;
      ELSE
        BEGIN
          返回不可以接受的测量结果;
      END;
    END;
END
```

6.5　服务流程簇膨胀问题

6.5.1　问题的产生

尽管第 5 章的服务需求驱动了 SaaS 服务流程的演化，保证了“单实例，多租户”的有序运行。但是随着时间的推移和租户的不断增加，服务流程将越来越多且更加复杂，导致服务流程库不断膨胀，运行效率急剧下降[61,62]。

此外，租户使用的服务流程也满足局部性原理，即大多数租户使用少部分核心服务流程，能满足租户需求的核心服务流程和初始定义的基本服务流程间的差别会越来越大。这意味着在 SaaS 服务流程演化时，将会有大量的演化规则被激活并应用于服务流程演化过程中。这样不仅需要大量的存储空间来存储服务流程的演化规则，在服务流程实例化时，还需要大量的运算资源执行服务流程的演化规则，一方面导致存储服务流程的空间和执行引擎的负荷不断增长，另一方面造成租户对服务流程理解和使用上的困难，因此，本书定义的服务流程实际上是一个服务流程簇。服务流程演化模型一方面希望能使经常调用的服务流程在实例化时尽可能少地执行演化规则，甚至不需要执行任何演化规则；同时希望能尽量减小存储服务流程所需要的空间，提高执行效率。

6.5.2　演化路径和服务流程簇优化

服务流程簇产生膨胀问题后，基本服务流程 F_i 可能已经很少甚至不会被调用，而大多数实例化后的服务流程落在核心服务流程 F_{n+i} 中。这时，有必要通过计算服务流程演化距离来优化演化路径，并利用实例化率从服务流程簇中逐步淘汰劣质的服务流程。

定义 6.13　服务流程演化距离是指从服务流程 F_1 到 F_2 的演化过程中，需要执行的最少演化规则(C，A)的数目，用 Distance(F_1，F_2)表示。

服务流程簇可以表示为 MSet=$F_i \cup F_i+n$($i<n$)。对于 MSet 中的任意 F_i 到 F_j 的演化，必然存在一个服务流程演化模型 SSFM，使得 $F_i \rightarrow F_j$，而且两个服务流程间的距离是可以计算出来的，即 Distance(F_i，F_j)。服务流程间的距离不具有交换性，即 Distance(F_i，F_j)$\neq$Distance(F_j，F_i)。

算法 6.4　服务流程演化路径优化算法 Path_Optimize(MSet，Fu，Fv，R，Q)

输入：服务流程簇 MSet；初始流程 Fu；目标流程 Fv；SaaS 服务流程演化规则 R=(C，A)；无冲突的需求规约演化请求 Q=(R，REL，CEL，P，O)。

输出：优化后的演化动作标号数组 $a[n]$。

```
BEGIN
  搜索服务流程簇 MSet 的元素数量 N;
  初始化演化距离矩阵 D[N][N]; /*初始值均为 0*/
  FOR 对于 MSet 中的每一个元素 Fi DO
    BEGIN
      FOR 对于 MSet 中的每一个元素 Fj DO  /*计算演化距离矩阵*/
      BEGIN
        IF i=j THEN /*同一个服务流程*/
          BEGIN
          D[i][j]=0; /*一个服务流程到本身的距离等于 0*/
        END;
     ELSE
          BEGIN
            a[m]=Rule_ Matching(R，Fi，Q); /*调用 SaaS 服务流程演化规
                则匹配算法(算法 6.1)，得到 Fi 的演化动作标号数组 a[m]*/
          FOR 对于 a[m]的每一个元素 a[j] DO
            BEGIN
              计算与 R 匹配的 a[n]=Rule_ Matching(R，Fj，Q);
              D[i][j]=n; /*获得 Fi 到 Fj 的演化规则活动数量*/
            END;
        END;
    END;                    /*计算得到演化距离矩阵*/
MVi=Min_Valve(Fi);          /*服务流程 Fi 到服务流程簇中所有服务流程的最小
                              距离对应的服务流程，可通过比较实现*/
MNi=Min_Number(Fi);         /*服务流程 Fi 到服务流程簇中所有服务流程的最小
                              距离值*/
Valve=MNu;                  /*初始化 Fu 到 Fv 的服务流程演化距离*/
```

```
FOR MSet 中的下一个最小距离服务 Fk DO /*Fu 到 Fv 的最优演化路径*/
BEGIN
  IF MVk<Valve THEN
  BEGIN
    Valve=Valve+MVk;          /*计算可能的最优值*/
    a[i]=k;                   /*增加演化动作标号*/
  END;
END;                          /*FOR 循环结束*/
RETRN a[n];
END;                          /*FOR 循环结束*/
END                           /*算法结束*/
```

服务流程簇中服务流程的使用并不是平均化的，不同的服务流程在一定的时间内被调用的次数可能不一样，一些服务流程可能在很长一段时间内都不会被使用。因此，一定时间内服务流程被执行的次数应作为一个基本流程模型是否淘汰的依据。

定义 6.14　服务流程实例化率 $P(F)$ 表示在一定时间内，服务流程 F 被调用的次数占所有服务流程被调用次数的比例。

实例化率越高说明该服务流程越优质。可以计算出服务流程簇中所有服务流程实例化率的平均值，即平均实例化率，用于衡量该服务流程簇的优劣，指导服务流程重选择。

算法 6.5　服务流程淘汰算法 Flow_Eliminate(MSet，IN_Valve，AV_Valve)

输入：服务流程簇 MSet，服务流程实例化率阈值 IN_Valve，平均值实例化率阈值 AV_Valve。

输出：淘汰执行结果。

```
BEGIN
  搜索服务流程簇 MSet 的元素数量 N;
  初始化实例化率存储数组 P[N]; /*初始值均为 0*/
  FOR 对于 MSet 中的每一个元素 Fi  DO
  BEGIN
    服务流程 Fi 被实例化，P[i]=P[i]+1; /*实例化率累加*/
  END;
  FOR 对于每一个 P[i] DO
  BEGIN
    IF P[i]<IN_Valve THEN
      BEGIN
        Delete(Fi); /*对 Fi 执行删除操作*/
        可通知用户进行流程演化; /*如果该服务流程存在用户可能再次使用的风
        险，该步骤尤为重要，处理过程会根据实际情况变得复杂*/
```

```
        END;
      END; /*FOR 循环结束*/
        Average=(P[1]+P[2]+…+P[N])/N; /*计算平均实例化率*/
        把 Average 与阈值 AV_Valve 进行比较，得出定量的评价结论；
    END           /*算法结束*/
```

6.6 SaaS 服务流程验证

6.6.1 可达性

本节研究的服务流程可达性是基于前面的描述和模型进行检验的行为。根据定义 6.7 和定义 6.8，SaaS 服务流程是由服务流程块组成的，因此，可达性研究是以服务流程块为基本单元的，以 Pi 演算为工具的形式化推演，达到推演流程块是否满足可达性的目的。

定义 6.15 如果一个 SaaS 服务流程块 SB={S，FS，FC，I，O}是可达的，那么 $\forall S_n \in S-\{I,O\}$，$S_n$的$\{\mathrm{FS}\cdot\mathrm{SA}\cdot\mathrm{SA_pre}\}\neq\varnothing$且$\{\mathrm{FS}\cdot\mathrm{SA}\cdot\mathrm{SA_next}\}\neq\varnothing$。

该形式化定义可解释为：对服务流程块 SB 中的任意一个不属于源服务(入口)和目标服务(出口)的服务，如果它的前驱输入集合和后继输入集合都非空，那么该服务流程块是可达的。

SaaS 服务流程块不可达通常有三种情况：服务流程块中至少一个服务没有任何输入和输出；服务流程块中至少一个服务只有输入，但没有任何输出；服务流程块中至少一个服务只有输出，没有任何输入。下面将以第二种情况为例进行 Pi 演算推演。

假设有一个服务流程块由四个服务 I，O，A，B 组成，如图 6.2 所示。

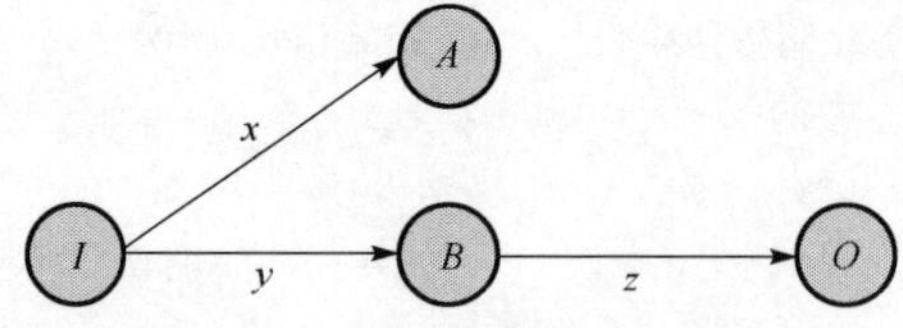

图 6.2 不可达服务流程块示例图

流程块中服务的形式化表示为

$$I=\tau_I\cdot(\overline{x}<m>+\overline{y}<m>)\cdot O$$
$$A=x(m)\cdot\tau_A\cdot O$$
$$B=x(m)\cdot\tau_B\cdot\overline{y}<n>\cdot O$$
$$O=z(n)\cdot\tau_O\cdot O$$

可达性推演：

$$
\begin{aligned}
&\text{Process} = I\,|\,A\,|\,B\,|\,O \\
&= \tau_I \cdot (\overline{x}<m>+\overline{y}<m>)\cdot 0\,|\,x(m)\cdot\tau_A\cdot 0\,|\,y(m)\cdot\tau_B\cdot\overline{z}<n>\cdot 0\,|\,z(n)\cdot\tau_O\cdot 0 \\
&\to (0\,|\,\tau_A\cdot 0\,|\,y(m)\cdot\tau_B\cdot\overline{z}<n>\cdot 0\,|\,z(n)\cdot\tau_O\cdot 0)+(x(m)\cdot\tau_A\cdot 0\,|\,\tau_B\cdot\overline{z}<n>\cdot 0\,|\,z(n)\cdot\tau_O\cdot 0) \\
&\to (0\,|\,y(m)\cdot\tau_B\cdot\overline{z}<n>\cdot 0\,|\,z(n)\cdot\tau_O\cdot 0)+(x(m)\cdot\tau_A\cdot 0\,|\,\tau_O\cdot 0) \\
&\to (y(m)\cdot\tau_B\cdot\overline{z}<n>\cdot 0\,|\,z(n)\cdot\tau_O\cdot 0)+(x(m)\cdot\tau_A\cdot 0)
\end{aligned}
$$

推演过程分为两种情况：当服务 I 通过通道 x 发送消息 m 时，服务 A 可顺利执行结束，但服务 B 和 O 则处于等待状态而不可达；当服务 I 通过通道 y 发送消息 m 时，服务 B 和 O 可顺利执行结束，但服务 A 处于等待状态而不可达。无论是哪种情况，该服务流程块都是不可达的。

6.6.2 死锁

SaaS 服务流程块的死锁是因为服务输入条件不成立等情况造成服务无法执行，导致服务流程处于停顿状态的情况。通常是在流程中出现分支与组合的情况下出现。

定义 6.16　如果一个 SaaS 服务流程块 SB={S，FS，FC，I，O}中存在并行与组合 $\text{SB}_{\text{par\_and}}$，且 $\exists C_i \in \{C_1, C_2, \cdots, C_n\}$，使得 $<\text{SB}_i, C_i>$ 不成立，则 SB 存在死锁问题。

服务流程块 SB 存在死锁问题的前提条件是块中存在并行与组合，即 I 的多个分支必须同时满足，服务 O 才能顺利执行，否则 O 将一直处于等待状态而不能继续执行。

假设有一个服务流程块由四个服务 I、O、A、B 组成，如图 6.3 所示。

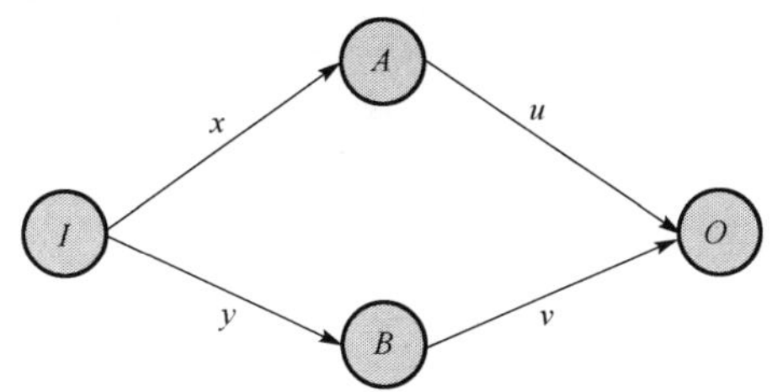

图 6.3　含死锁的服务流程块示例图

流程块中服务的形式化表示为

$$
\begin{aligned}
&I = \tau_I \cdot (\overline{x}<m>+\overline{y}<n>)\cdot O \\
&A = x(n)\cdot\tau_A\cdot\overline{u}<q>\cdot O \\
&B = y(m)\cdot\tau_B\cdot\overline{v}<p>\cdot 0 \\
&O = u(p)\cdot v(q)\tau_O\cdot 0
\end{aligned}
$$

死锁推演：

$$
\text{Process} = I\,|\,A\,|\,B\,|\,O
$$

$$=\tau_I\cdot(\overline{x}<m>+\overline{y}<n>)\cdot 0\,|\,x(n)\cdot\tau_A\cdot\overline{u}<q>\cdot 0\,|\,y(m)\cdot\tau_B\cdot\overline{v}<p>\cdot 0\,|\,u(p)\cdot v(q)\tau_O\cdot 0$$
$$\to 0\,|\,\tau_A\cdot\overline{u}<q>\cdot 0\,|\,y(m)\cdot\tau_B\cdot\overline{v}<p>\cdot 0\,|\,u(p)\cdot v(q)\cdot\tau_O\cdot 0$$
$$\to 0\,|\,y(m)\cdot\tau_B\cdot\overline{v}<p>\cdot 0\,|\,u(p)\cdot\tau_O\cdot 0$$
$$\to y(m)\cdot\tau_B\cdot\overline{v}<p>\cdot 0\,|\,u(p)\cdot\tau_O\cdot 0$$

入口源服务 I 执行完内部动作后，从通道 x 和 y 分别发送消息 m 和 n。假设只有 y 通道的条件满足，则继续执行服务 B，服务 B 再从通道 v 发送消息 p。由于通道 x 的条件没有满足，一直不能执行服务 A，所以出口目标服务 O 一直处于等待状态。该流程块出现死锁问题，不能正确执行。

6.6.3　活锁

SaaS 服务流程块的活锁是因为服务输入条件不断成立等情况造成服务重复执行，导致服务流程处于重复状态而不能完成的情况。通常是在流程中流程块循环组合的情况下出现。

定义 6.17　如果一个 SaaS 服务流程块 SB={S，FS，FC，I，O}中存在循环组合 $\mathrm{SB_{cir}}$，且在任何情况下 $C=\mathrm{False}$，则 SB 存在活锁问题。

服务流程块 SB 存在活锁问题的前提条件是块中存在循环组合，即退出循环的条件永远为假，循环不能结束，一直处于重复执行的状态，即存在活锁问题。

假设有一个服务流程块由四个服务 I、O、A、B 组成，如图 6.4 所示。

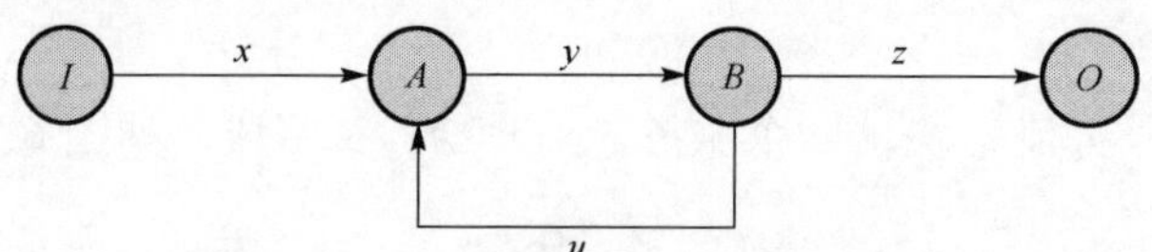

图 6.4　含活锁的服务流程块示例图

流程块中服务的形式化表示为

$$I=\tau_I\cdot\overline{x}<m>\cdot 0$$
$$A=(x(m)\,|\,u(q))\cdot\tau_A\cdot\overline{y}<n>\cdot 0$$
$$B=y(n)\cdot\tau_B\cdot[C=T]\overline{u}<q>\cdot\overline{z}<p>\cdot 0$$
$$O=z(p)\cdot\tau_O\cdot 0$$

活锁推演：

$$\text{Process}=I\,|\,A\,|\,B\,|\,O$$
$$=\tau_I\cdot\overline{x}<m>\cdot 0\,|\,(x(m)\,|\,u(q))\cdot\tau_A\cdot\overline{y}<n>\cdot 0\,|\,y(n)\cdot\tau_B\cdot[C=T]\overline{u}<q>\cdot\overline{z}<p>\cdot 0\,|\,z(p)\cdot\tau_O\cdot 0$$
$$\to 0\,|\,u(q)\cdot\tau_A\cdot\overline{y}<n>\cdot 0\,|\,y(n)\cdot\tau_B\cdot[C=T]\overline{u}<q>\cdot\overline{z}<p>\cdot 0\,|\,z(p)\cdot\tau_O\cdot 0$$

由于推演过程中的条件 C 一直为真，所以循环不能结束，出口目标服务 O 永远处于等待状态，出现活锁现象。

活锁的产生是由于服务流程中存在循环结构而引起的。循环结构在流程中起着很重要的作用，实际应用价值很大。循环结构是必要的，但如果不作特殊处理，系统在路由算法方面会产生问题。

6.7 本章小结

本章把需求演化结果传递给服务流程，研究 SaaS 服务流程的演化过程。利用扩展 Pi 演算工具对服务流程演化进行描述、建模和互模拟分析，并研究演化过程中膨胀问题的解决方法。对 SaaS 服务流程演化过程中的出错行为问题进行推演和验证。

通过对 SaaS 服务流程演化的深入研究，建立服务流程演化模型，通过演化路径和服务流程簇的优化来解决膨胀问题，并提出避免服务流程产生不可达、死锁、活锁问题的解决方法，为下一层次的 SaaS 服务演化提供基础和指导。

第 7 章　SaaS 服务增量式演化

本书的服务是指 SaaS 软件中可对外发布的、可独立运行的逻辑单元，即 SaaS 服务。可将 SaaS 软件的业务功能抽象为服务单元，也可将 SaaS 软件提供的可被其他应用程序调用的接口抽象为服务单元。第 6 章已经讨论了需求驱动下的服务流程演化方法，但整个演化过程还没有结束，还需要解决服务层的演化问题。主要解决三方面的问题：首先，如何解决多租户模式下的服务演化机制和方法；其次，如何利用 Pi 演算建立 SaaS 服务演化操作模型；最后，怎样保证演化操作模型的一致性。

本章将以前面章节研究成果为基础，对服务流程块进一步抽象，从服务的层面进行讨论，深入探索服务演化的实现机理和形式化实现方式。

7.1　SaaS 服务

目前，SaaS 服务演化问题已有一些研究，多数研究者主要针对“多租户，单实例”问题进行业务流程定制和数据安全保障方面的研究[63-65]；文献[66]从业务流程的角度提出演化模型和高效获得最佳流程的方法；文献[67]研究了数据演化模型和数据依赖问题；文献[68]提出服务演化的概念来描述服务的不断变化，并且提出解决服务之间的协作问题的思路，但还缺乏形式化的描述。本书提出用增量的方式对 SaaS 服务进行渐进演化，并且以扩展 Pi 演算作为其形式化描述语言，为服务演化的自动化过程提供一种形式化基础。

7.1.1　基本概念

把 SaaS 软件的功能抽象为服务，用服务的演化来实现软件动态改变和维护工作。服务的演化是由结构、属性和操作的改变引起的，可先刻画出 SaaS 服务的组织结构，描述上下层服务之间的关系，定义服务的属性和操作，并找到它们之间的对应关系，使 SaaS 服务的结构框架和服务调用机制有机地结合起来。

SaaS 服务与 Pi 演算的主要概念对照如表 7.1 所示。其中，SaaS 服务是指端口的集合；类型是指被传递信息的数据类型；消息是指被传递的数据的抽象定义，由若干逻辑单元组成，每个逻辑单元和数据类型关联；操作是支持 SaaS 服务动作的抽象描述；端口类型是一组抽象的操作，每一个操作涉及输入信息和输出信息。

本书之所以选择 Pi 演算作为 SaaS 服务的描述语言，主要是因为 Pi 演算和 SaaS 服务中的很多概念非常类似。但有时虽然二者的名称相同，含义却不同。

表 7.1　SaaS 服务与 Pi 演算概念对照表

SaaS 服务	Pi 演算	说明
服务	进程	—
类型	类型	—
消息	消息	抽象定义
操作	动作	抽象描述
端口类型	类型	含输入和输出
绑定	交互作用	—
端口	端口	—

例如，SaaS 服务中的类型是指被传递的信息类型，而 Pi 演算中的类型是一个抽象定义。

7.1.2　原子服务描述

本书将 SaaS 软件的功能和非功能特性抽象为服务。其中原子服务是组成系统的基本单元，一个或多个原子服务构成组合服务，一个或多个组合服务构成流程块。

定义 7.1　SaaS 原子服务是组成系统的基本单元，可以表示为一个三元组(S, N, C)。其中，S 是进程的集合，表示服务；N 是名字集合，用于表示名字空间；C 是通道名字集合，表示服务接口。SaaS 原子服务形式化定义如下：

$$S::=0|x\cdot S\ |S_1+S_2|S_1|S_2|(\vee x)S|[x=y]S|S(S_1, S_2,\cdots, S_n)$$

其中，0 为空原子服务，表示该服务没有如何意义；$x\cdot S$ 表示服务 S 接收到端口 x 的消息后开始执行；S_1+S_2 表示选择执行服务 S_1 或者 S_2；$S_1|S_2$ 表示并行执行服务 S_1 和 S_2；$(\vee x)S$ 表示约束名字 x 的使用被限制在服务 S 内，相当于服务 S 的内部变量；$[x=y]S$ 表示当条件满足 $x=y$ 时，调用服务 S；$S(S_1, S_2,\cdots, S_n)$ 表示原子服务的集合。

定义 7.2　SaaS 服务组合可用 Pi 演算的语法定义如下：

(1) $S_1|S_2+S_2|S_1$ 表示服务 S_1 和 S_2 可以按任意顺序执行；

(2) $(\overline{x}<y>\cdot S_1\,|\,x(y)S_2)+(\overline{x}<y>\cdot S_2\,|\,x(y)S_1)$ 表示服务 S_1 和 S_2 首先独立执行，并进行通信；

(3) $S_1+S_2\cdot S_3$ 表示执行服务 S_3 之前先选择执行 S_1 或者 S_2 中的一个；

(4) $\sum_{i=1}^{n}x_i(y)\cdot\overline{x}_i<y>\cdot S_1$ 表示从 n 个服务中动态地选择一个服务执行。它的行为过程首先发出服务请求，每个服务从各自的端口接收这个请求，再给出响应，发出请求者根据响应的消息作出最佳选择。

根据定义 7.1，SaaS 原子服务是组成系统的基本单元，这主要是从原子服务外部特性的角度进行描述。在 SaaS 服务演化过程中，除了描述服务的外部特性还需要从服务的内部和行为等方面进行描述。下面将原子服务进一步表示为

$$S=\prod_{i=1}^{n} c_i(x_i)\cdot \mathrm{Atom}\cdot \prod_{j=1}^{n} \overline{c}'_j\langle y_j\rangle$$

原子服务 S 并不等同于内部动作 Atom，而是内部动作 Atom 和暴露在外部的若干接口(服务端口)的结合，而内部的执行逻辑不必要暴露。对于一个原子服务来说，有两种类型的变量需要实例化，一种是通道变量 c_i，另一种是消息变量 x_i。当且仅当两种变量都被实例化以后才能称为服务实例，否则就是服务接口或者抽象服务。图 7.1 是原子服务的图形化表示。

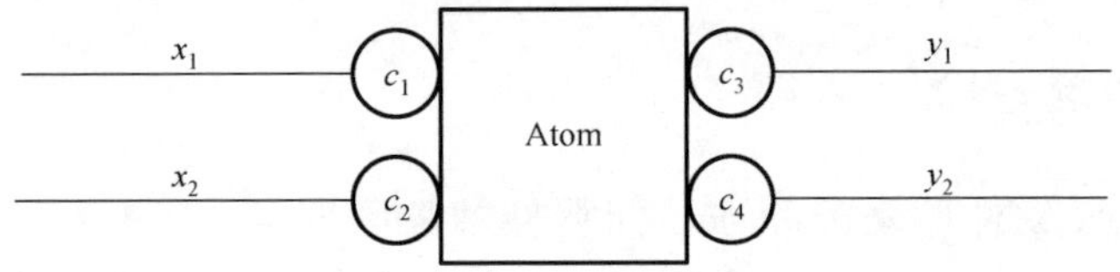

图 7.1　原子服务示意图

一个原子通常既是服务请求，又是服务提供，即既可以请求服务又可以提供服务。

7.1.3　原子服务通道类型

一个原子服务通过通道来请求或提供服务，当两个原子服务发生交互时，将在相应的通道之间建立联系。本书将服务通道分为功能通道 C_C、执行通道 C_I 以及传递通道 C_A 三种类型。其中，功能通道用于描述服务的类型，规定服务的前置条件和后置条件；执行通道用于服务调用和执行；传递通道用于传送服务应答信息。不同的通道有不同的功能特性和方向特性，即具有不同的端口类型。

另外，服务之间进行交互时，各种通道将连接相应的端口并传送原子服务之间的消息，不同通道的服务能力不同。因此，不同的端口具有不同的通道类型。

定义 7.3　功能通道 C_C 是一个三元组(CT，PC，NC)。其中，CT 表示服务类型；PC 表示前置条件；NC 表示后置条件。采用“∘”表示通道与属性之间的归属关系，如契约通道 C_C 的前置条件表示为 $C_C\circ \mathrm{PC}$。

定义 7.4　执行通道 C_I 是一个二元组(AS，EP)。其中，AS 表示通过该通道调用的服务集合；EP 表示调用后执行的结果集合。归属关系表示同上。

定义 7.5　传递通道 C_A 是一个二元组(SM，AM)。其中，SM 表示发送服务应答消息的集合；AM 表示接收服务应答消息的集合。归属关系表示同上。

7.1.4　服务基调

定义 7.6　假设 SaaS 服务包含 n 个服务序列，用 S_i 表示，其中 $i=\{1,2,\cdots,n\}$。S_i 是一个由原子服务组成的集合，表示为 $S_i=\{S\mid S\to S_i\}$，S 是一个 SaaS 原子服务。

定义 7.7　一个 SaaS 服务的服务基调(service schema)可以定义为一个五元组 $\sum s=(S,A,E,C,f)$，其中，

(1) S 表示 SaaS 服务的原子服务集合，$S=\{S_1,S_2,\cdots,S_n\}$；

(2) $A=\bigcup_{i=1}^{n}A_i$ 为 S 中各原子服务所拥有的服务操作的集合，$A_i=\{a_{i1},a_{i2},\cdots,a_{in}\}$ 表示原子服务 S_i 所拥有的服务操作的集合；

(3) E 表示服务 S 所有编排序列执行过程的集合，一个执行过程就是由原子服务组成的偏序序列，如 $S_1\prec S_2\prec S_3\prec S_4\prec S_5\prec\cdots$ 为一个偏序序列；

(4) C 是一个服务操作的偏序序列，如 $(S_1,a_{11})\prec(S_2,a_{21})\prec(S_3,a_{31})\prec(S_4,a_{41})\prec(S_5,a_{51})\prec\cdots$ 为一个服务操作偏序序列，用 Pi 演算可描述为 $(a_{11}\to S_1)\cdot(a_{21}\to S_2)\cdot(a_{31}\to S_3)\cdot(a_{41}\to S_4)\cdot(a_{51}\to S_5)\cdots$，其中，“·”为顺序操作符；

(5) $f: A\to A^*$ 定义了一个上层服务到下层服务之间的操作映射函数，函数 f 使得 $f(S, E)=C$ 成立，且 f 可以定义为一个递归函数，表示一个 SaaS 服务可以根据实际需要划分出很多层次和粒度，使该定义具有一般性。

在 SaaS 服务演化过程中，可以用服务基调来表示一个服务为 $\sum s=(S,A,B,C,f)$ 的形式。分别用大写字母 $A,B,C,\cdots$ 表示服务 $i,j,r,\cdots$ 对应的服务序列。f 作为原子服务演化操作的一个映射函数，表示演化前后服务序列的关系映射。

7.2　增量式服务演化

7.2.1　多租户服务

SaaS 服务的演化过程非常复杂，涉及需求、流程和服务等层面的演化问题。前面已经采用服务流程簇的方式解决了多租户服务流程演化的问题，多租户服务的演化问题同样需要完善的机制进行保障。

SaaS 服务的租户需求和服务本身的业务逻辑会随着时间的推移不断发生变化，而且这种变化需求经常只由一部分甚至个别租户提出，没有提出演化需求的租户还要继续使用演化之前的原子服务或服务序列。这就是多租户环境下的服务演化，要

求系统在新服务增加或变化以后，旧服务必须同时存在且并行执行，而且变化过程对没有演化需求的租户是透明的，应该感觉不到服务的任何变化和异常。服务的演化不是简单的删除、替换等操作，而是需要更加完善的机制来保障。所以，从 SaaS 服务角度来看，服务演化是按一定规则的多租户服务增量变化的过程；而从用户角度来看，服务增量演化的过程是透明的。

如图 7.2 所示，n 个租户具有同样的服务需求，共享同一组服务实例 Service1、Service2，…，Service$i$。当第 n+1 个租户加入时，提出新的服务请求，即除了使用前面 i 个服务之外，还需要增加服务 Service(i+1)。这时系统必须在不影响前 n 个租户使用服务的前提下，同时为第 n+1 个租户提供个性化服务，并且这样的不同和变化对所有租户来说都是透明的。这就需要一种机制来管理这些服务，使这些服务能有序地对外提供，并且合理地应对服务演化。

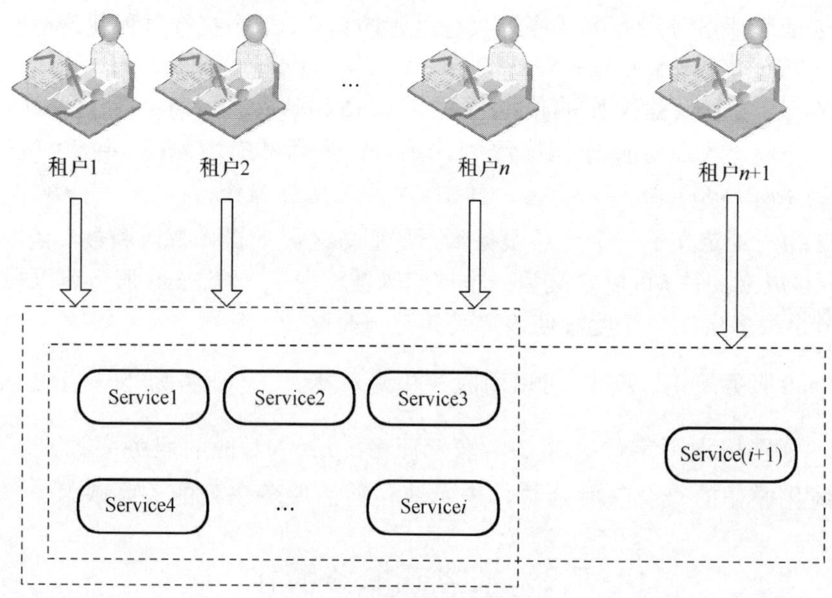

图 7.2　多租户服务示意图

7.2.2　服务演化过程

针对多租户服务的特性，本节将采用增量式服务演化的方法来解决。

增量式服务演化的演化粒度是原子服务，是以服务序列为演化的基本单元。图 7.3 是增量式服务演化过程示意图。

增量式服务演化过程需要考虑以下几个问题。

(1)服务演化涉及的原子演化操作有哪些？

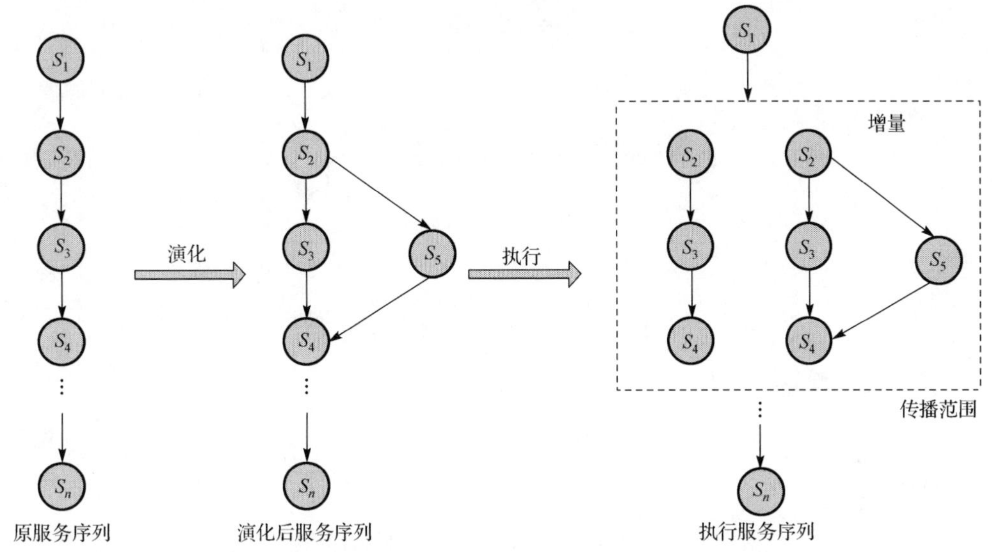

图 7.3　增量式服务演化过程示意图

(2) 如何用 Pi 演算进行描述？

(3) 如何控制演化后的一致性和传播问题？

下面将对增量式服务演化过程进行建模，并解决出现的问题。

7.3　增量式演化模型

SaaS 服务在运行过程中，客户需求和商业逻辑会不断发生变化，而且这种变化经常只在一部分客户中产生，在所有客户看来演化过程应该是透明的，而且是一个增量的过程。为了 SaaS 服务具有更高的服务定制能力和动态适应能力，本节提出 SaaS 服务增量式演化模型，通过建立原子演化操作模型，然后再通过复合原子演化操作模型达到 SaaS 服务演化的目的。

7.3.1　插入增量演化

插入增量演化就是将一个原子服务插入到服务序列 S 中，演化成新的服务序列。插入增量演化是最基本的服务演化模型，又可以细分为顺序插入增量演化和并行插入增量演化。

1. 顺序插入增量演化

顺序插入增量演化是直接在两个顺序执行的原子服务之间插入一个服务的演化操作，生成新的服务序列，它与原服务序列可并行执行，如图 7.4 所示。

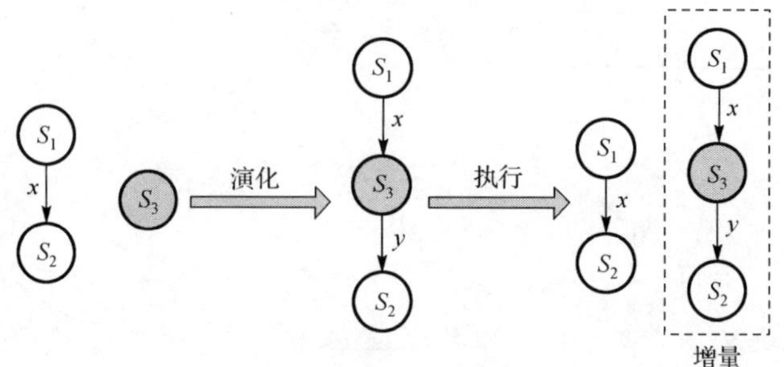

图 7.4　顺序插入增量演化图

演化前的服务序列 S_i：

$$\overline{x}<m>\cdot s_1 \circ S_i \cdot x(m)\cdot s_2 \circ S_i$$

演化后序列 S_j：

$$\overline{x}<m>\cdot s_1 \circ S_i \cdot x(m)\cdot s_3 \circ S_j \cdot \overline{x}<n>\cdot s_3 \circ S_j \cdot x(n)\cdot s_2 \circ S_i$$

演化操作过程 $\mathrm{P_{SI}}$：

$$S_i \xrightarrow{(s_3,(m,n))} S_j : \overline{x}<m>\cdot s_1 \circ S_i \cdot x(m)\cdot s_2 \circ S_i \xrightarrow{(s_3,(m,n))}$$

$$\overline{x}<m>\cdot s_1 \circ S_i \cdot x(m)\cdot s_3 \circ S_j \cdot \overline{x}<n>\cdot s_3 \circ S_j \cdot x(n)\cdot s_2 \circ S_i$$

演化操作执行结束后，增量服务序列和原序列并行执行，即 $S = S_i \mid S_j$。

2. 并行插入增量演化

并行插入增量演化是在顺序执行的服务序列上插入一个服务且并行执行的演化操作，生成新的服务序列，它与原服务序列可并行执行，如图 7.5 所示。

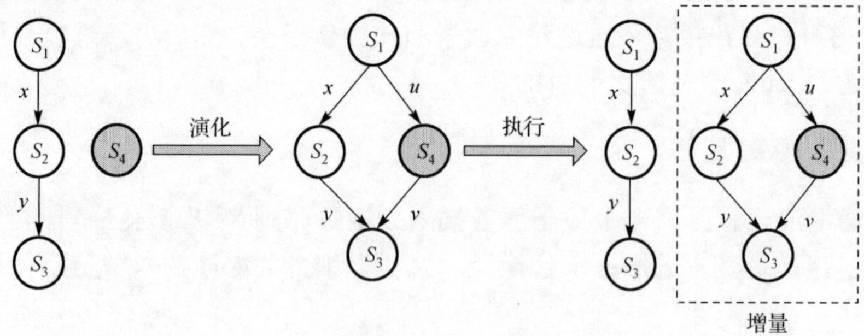

图 7.5　并行插入增量演化图

演化前的服务序列 S_i：

$$\overline{x}<m>\cdot s_1 \circ S_i \cdot x(m)\cdot s_2 \circ S_i \cdot \overline{y}<n>\cdot s_2 \circ S_i \cdot y(n)\cdot s_3 \circ S_i$$

演化后的服务序列 S_j：

$$\overline{x}<m>\cdot s_1\circ S_i\cdot x(m)\cdot s_2\circ S_i\cdot\overline{y}<n>\cdot s_2\circ S_i\cdot y(n)\cdot s_3\circ S_i\,|\,\overline{u}<p>\cdot s_1\circ S_j\cdot u(p)\cdot s_4\circ S_j$$

$$\cdot\overline{v}<q>\cdot s_4\circ S_j\cdot v(q)\cdot s_3\circ S_j$$

演化操作过程 P_{QI}：

$S_i\xrightarrow{(s_4,(m,n,p,q))}S_j$：

$\overline{x}<m>\cdot s_1\circ S_i\cdot x(m)\cdot s_2\circ S_i\cdot\overline{y}<n>\cdot s_2\circ S_i\cdot y(n)\cdot s_3\circ S_i\xrightarrow{(s_4,(m,n,p,q))}\overline{x}<m>\cdot s_1\circ S_i\cdot x(m)\cdot s_2\circ S_i\cdot\overline{y}<n>\cdot s_2\circ S_i\cdot y(n)\cdot s_3\circ S_i\,|\,\overline{u}<p>\cdot s_1\circ S_j\cdot u(p)\cdot s_4\circ S_j\cdot\overline{v}<q>\cdot s_4\circ S_j\cdot v(q)\cdot s_3\circ S_j$

演化操作执行结束后，增量服务序列和原序列可并行执行，即 $S=S_i\,|\,S_j$。

算法 7.1　SaaS 服务插入增量演化算法 Insert_Increment(S_i , r)

输入：演化前的服务序列 S_i，新增加的原子服务 r。

输出：演化结果，完成演化结果为 True，不能完成演化结果为 False。

```
BEGIN
  IF 服务 r 是顺序插入的 THEN   /*判断增量插入类型*/
    BEGIN  /*根据类型进行顺序插入增量演化*/
      FOR 对于 Si 中的每一个原子服务 s1 DO
        BEGIN   /*查找演化插入位置*/
          找到符合条件的演化前驱 s1;
        找到符合条件的演化后继 s2;
      找到符合条件的演化位置通道 x;
      END; /*FOR 循环结束*/
      IF (m, n)满足且通道 x 和 y 类型匹配 THEN
      /*(m, n)为演化使能条件，通道 x 与新增加的通道 y 类型匹配；否则无法完成演化*/
        BENGIN
          Sj :AddChannel(y) ∘Si ;/*插入新通道 y*/
          Sj :AddService(x, y, r) ∘Si ;
          /*在通道 x 和 y 中插入服务 r，产生新服务序列*/
          RETURN True; /*完成演化，返回完成结果*/
        END;
      ELSE
        BEGIN
          RETURN False; /*无法完成演化，返回不能完成结果*/
        END;
```

```
      END;
    ELSE    /*根据类型进行并行插入增量演化*/
      BEGIN
        FOR 对于 Si 中的每一个原子服务 si DO
          BEGIN   /*查找演化插入位置*/
            找到符合条件的演化前驱 s1;
            找到符合条件的演化并行服务 s2;
            找到符合条件的演化后继 s3;
            找到符合条件的演化位置通道 x 和通道 y; /*x 和 y 类型可以不同*/
          END; /*FOR 循环结束*/
        IF (m, n, p, q)满足且通道 x 和 u 类型匹配、通道 y 和 v 类型匹配 THEN
            /*(m, n, p, q)为演化使能条件，通道 x 与新增加的通道 y 类型匹
             配；否则无法完成演化*/
        BENGIN
          Sj:AddChannel(u)∘Si;/*插入新通道 u，与 x 同类型*/
          Sj:AddChannel(v)∘Si;/*插入新通道 v，与 y 同类型*/
          Sj:AddService(u, v; r)∘Si;
                            /*在通道 u 和 v 中插入服务 r，产生新服务序列*/
          RETURN True; /*完成演化，返回完成结果*/
        END;
      ELSE
        BEGIN
          RETURN False; /*无法完成演化，返回不能完成结果*/
        END;
      END;
  END /*算法结束*/
```

7.3.2 删除增量演化

删除增量演化是插入增量演化操作的逆过程，即删除一个原子服务的演化操作，生成新的服务序列，如图 7.6 所示。

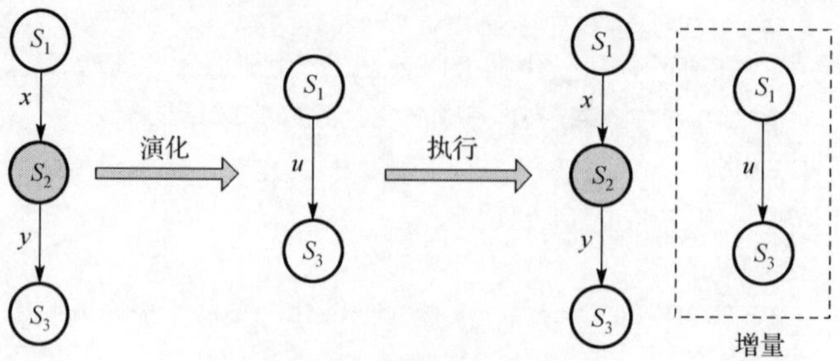

图 7.6　删除增量演化图

演化前的服务序列 S_i：

$$\overline{x}<m>\cdot s_1 \circ S_i \cdot x(m) \cdot s_2 \circ S_i \cdot \overline{y}<n>\cdot s_2 \circ S_i \cdot y(n) \cdot s_3 \circ S_i$$

演化后的服务序列 S_j：

$$\overline{u}<p>\cdot s_1 \circ S_i \cdot u(p) \cdot s_3 \circ S_i$$

演化操作过程 P_{DE}：

$$S_i \xrightarrow{(s_2,(m,n,p))} S_j:$$

$$\overline{x}<m>\cdot s_1 \circ S_i \cdot x(m) \cdot s_2 \circ S_i \cdot \overline{y}<n>\cdot s_2 \circ S_i \cdot y(n) \cdot s_3 \circ S_i \xrightarrow{(s_2,(m,n,p))} \overline{u}<p>\cdot s_1 \circ S_i \cdot u(p) \cdot s_3 \circ S_i$$

演化操作执行结束后，增量服务序列和原序列可并行执行，即 $S = S_i | S_j$。

在实际应用中，删除增量演化很少被用到，因为插入增量演化的结果已经保留了插入之前的服务序列，可以直接使用，所谓的删除操作其实只是假删除。

算法 7.2　SaaS 服务删除增量演化算法 Delete_Increment(S_i , r)

输入：演化前的服务序列 S_i，删除的原子服务 r。

输出：演化结果，完成演化结果为 True，不能完成演化结果为 False。

```
BEGIN
    FOR 对于 Si 中的每一个原子服务 si DO
    BEGIN   /*查找演化删除的服务*/
      找到符合删除条件的服务 s1； /*r 与所有服务匹配后定位*/
    END; /*end of FOR*/
  IF (m, n, p)满足 THEN  /*(m, n, p)为演化使能条件*/
    BENGIN
      Sj:DeleService(x, y, r)∘Si;/*必须先删除服务再删除通道*/
      Sj:DeleChannel(x)∘Si;  /*删除通道 x，产生新服务序列；该删除为假
                                删除，在原序列中服务 x 仍然存在且顺利运行*/
      RETURN True; /*完成演化，返回完成结果*/
    END;
  ELSE
    BEGIN
      RETURN False; /*无法完成演化，返回不能完成结果*/
    END;
  END;
END /*算法结束*/
```

7.3.3　替换增量演化

当一个服务功能变更或需要维护时，通常通过替换操作进行服务演化，如图 7.7 所示。

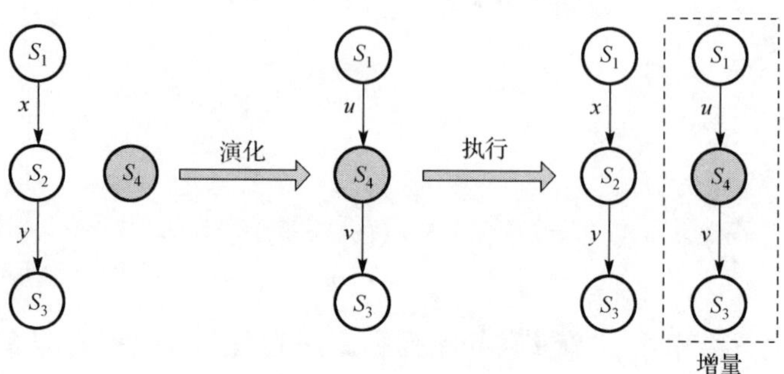

图 7.7　替换增量演化图

演化前的服务序列 S_i：

$$\overline{x}<m>\cdot s_1\circ S_i\cdot x(m)\cdot s_2\circ S_i\cdot\overline{y}<n>\cdot s_2\circ S_i\cdot y(n)\cdot s_3\circ S_i$$

演化后的服务序列 S_j：

$$\overline{u}<p>\cdot s_1\circ S_i\cdot u(p)\cdot s_4\circ S_j\cdot\overline{v}<q>\cdot s_4\circ S_j\cdot v(q)\cdot s_3\circ S_i$$

演化操作过程 P_{RP}：

$$S_i\xrightarrow{(s_4,(m,n,p,q))}S_j:$$

$$\overline{x}<m>\cdot s_1\circ S_i\cdot x(m)\cdot s_2\circ S_i\cdot\overline{y}<n>\cdot s_2\circ S_i\cdot y(n)\cdot s_3\circ S_i\xrightarrow{(s_4,(m,n,p,q))}\overline{u}<p>\cdot s_1\circ S_i\cdot u(p)\cdot s_4\circ S_j\cdot\overline{v}<q>\cdot s_4\circ S_j\cdot v(q)\cdot s_3\circ S_i$$

演化操作执行结束后，增量服务序列和原序列可并行执行，即 $S=S_i\,|\,S_j$。如果作为操作本身的需要，替换增量操作也可以由删除增量演化和插入增量演化联合完成。但两种实现途径在实际应用中是有本质区别的，两种演化途径的结果明显不同。替换增量操作的演化结果集合是 $\{S_i,S_j\}$，包括原服务序列和替换后的服务序列；而通过删除和插入增量演化联合完成的结果集合是 $\{S_i,S_j,S_i'\}$，包括原服务序列、删除后服务序列、插入后服务序列(替换后服务序列)，因此，增量演化过程不能进行简单的复合操作。

算法 7.3　SaaS 服务替换增量演化算法 Replace_Increment(S_i ,r,s)

输入：演化前的服务序列 S_i，把原子服务 r 替换为 s。

输出：演化结果，完成演化结果为 True，不能完成演化结果为 False。

```
BEGIN
  FOR 对于 Si 中的每一个原子服务 si DO
    BEGIN   /*查找演化删除的服务*/
      找到符合删除条件的服务 r; /*r 与所有服务匹配后定位*/
    END; /*FOR 循环结束*/
  IF (m, n, p, q)满足 THEN  /*(m, n, p, q)为演化使能条件*/
    BENGIN
      创建新通道 u 和 v，类型必须与 x 和 y 相同; /*r 通道可以直接创建*/
      Sj :DeleService(x, y, r)∘Si ;/*删除在新序列中完成*/
      Sj :AddService(s)∘Si ; /*产生新序列*/
      RETURN True; /*完成演化，返回完成结果*/
    END;
  ELSE
    BEGIN
      RETURN False; /*无法完成演化，返回不能完成结果*/
    END;
  END;
END /*算法结束*/
```

7.3.4 移动增量演化

服务执行序列根据特定偏序关系来确定执行的先后次序，而这种事先确定的次序经常需要变化，因此服务移动成为重要的演化操作之一。根据应用情景的不同，移动增量演化分为顺序移动增量演化和并行移动增量演化两种情况。

1. 顺序移动增量演化

顺序移动增量演化是在顺序关系的服务序列中移动位置，如图 7.8 所示。

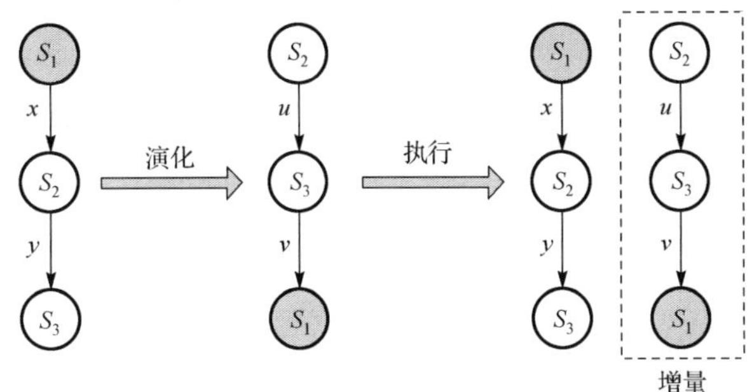

图 7.8　顺序移动增量演化图

演化前的服务序列 S_i：

$$\overline{x}<m>\cdot s_1\circ S_i\cdot x(m)\cdot s_2\circ S_i\cdot \overline{y}<n>\cdot s_2\circ S_i\cdot y(n)\cdot s_3\circ S_i$$

演化后的服务序列 S_j：

$$\overline{u}<p>\cdot s_2\circ S_i\cdot u(p)\cdot s_3\circ S_i\cdot\overline{v}<q>\cdot s_3\circ S_i\cdot v(q)\cdot s_1\circ S_i$$

演化操作过程 P_{SM}：

$$S_i\xrightarrow{(s_4,(m,n,p,q))}S_j:$$

$$\overline{x}<m>\cdot s_1\circ S_i\cdot x(m)\cdot s_2\circ S_i\cdot\overline{y}<n>\cdot s_2\circ S_i\cdot y(n)\cdot s_3\circ S_i\xrightarrow{(s_1,(m,n,p,q))}\overline{u}<p>\cdot s_2\circ S_i\cdot u(p)\cdot s_3\circ S_i\cdot\overline{v}<q>\cdot s_3\circ S_i\cdot v(q)\cdot s_1\circ S_i$$

演化操作执行结束后，增量服务序列和原序列可并行执行，即 $S=S_i\,|\,S_j$。

2. 并行移动增量演化

并行移动增量演化是在并行关系的服务序列中移动位置，如图 7.9 所示。

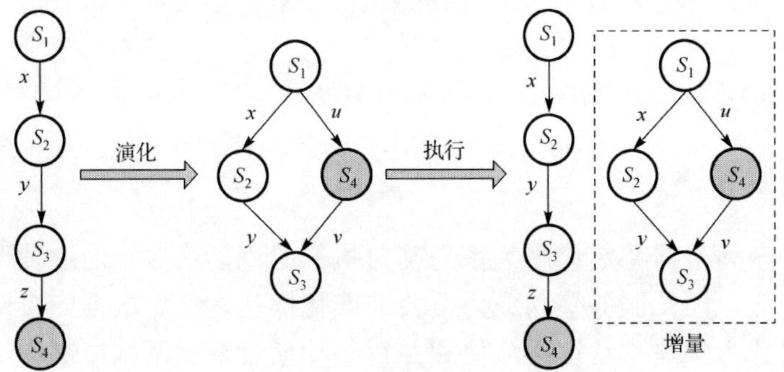

图 7.9　并行移动增量演化图

演化前的服务序列 S_i：

$$\overline{x}<l>\cdot s_1\circ S_i\cdot x(l)\cdot s_2\circ S_i\cdot\overline{y}<m>\cdot s_2\circ S_i\cdot y(m)\cdot s_3\circ S_i\cdot\overline{z}<n>\cdot s_3\circ S_i\cdot z(n)\cdot s_4\circ S_i$$

演化后的服务序列 S_j：

$$\overline{x}<m>\cdot s_1\circ S_i\cdot x(m)\cdot s_2\circ S_i\cdot\overline{y}<n>\cdot s_2\circ S_i\cdot y(n)\cdot s_3\circ S_i\,|\,\overline{u}<p>\cdot s_1\circ S_j\cdot u(p)\cdot s_4\circ S_j\cdot\overline{v}<q>\cdot s_4\circ S_j\cdot v(q)\cdot s_3\circ S_j$$

演化操作过程 P_{QM}：

$$S_i\xrightarrow{(s_4,(l,m,n,p,q))}S_j:$$

$$\overline{x}<l>\cdot s_1\circ S_i\cdot x(l)\cdot s_2\circ S_i\cdot\overline{y}<m>\cdot s_2\circ S_i\cdot y(m)\cdot s_3\circ S_i\cdot\overline{z}<n>\cdot s_3\circ S_i\cdot z(n)\cdot s_4\circ S_i$$

$$\xrightarrow{(s_4,(l,m,n,p,q))}\overline{x}<m>\cdot s_1\circ S_i\cdot x(m)\cdot s_2\circ S_i\cdot\overline{y}<n>\cdot s_2\circ S_i\cdot y(n)\cdot s_3\circ S_i\,|\,\overline{u}<p>\cdot s_1\circ S_j\cdot u(p)\cdot s_4\circ S_j\cdot\overline{v}<q>\cdot s_4\circ S_j\cdot v(q)\cdot s_3\circ S_j$$

演化操作执行结束后，增量服务序列和原序列可并行执行，即 $S = S_i | S_j$。

算法 7.4　SaaS 服务移动增量演化算法 Move_Increment(S_i , r)

输入：演化前的服务序列 S_i ，移动的原子服务 r。

输出：演化结果，完成演化结果为 True，不能完成演化结果为 False。

```
BEGIN
  IF 服务 r 是顺序移动 THEN  /*判断增量移动类型*/
    BEGIN  /*根据类型进行顺序移动增量演化*/
      FOR 对于 S_i 中的每一个原子服务 s1 DO
        BEGIN   /*查找演化移动的位置*/
          找到符合条件的演化插入前驱 s1;
          找到符合条件的演化插入后继 s2;
        END; /*FOR 循环结束*/
      IF (m, n, p, q)满足 THEN  /*(m, n)为演化使能条件*/
        BENGIN
        S_j :DeleService(r) ∘S_i ;/*在新序列中删除服务 r*/
        创建通道 u 和 v，类型必须与 x 和 y 匹配;
        S_j :AddService(u, v, r) ∘S_i ;
        /*在通道 x 和 y 中插入服务 r，产生新服务序列*/
        RETURN True; /*完成演化，返回完成结果*/
      END;
    ELSE
      BEGIN
        RETURN False; /*无法完成演化，返回不能完成结果*/
      END;
    END;
  ELSE    /*根据类型进行并行移动增量演化*/
    BEGIN
      创建通道 u 和 v，类型必须与 x 和 y 匹配;
      IF (m, n, p, q)满足且通道 x 和 u 类型匹配、通道 y 和 v 类型匹配 THEN
      /*(m, n, p, q)为演化使能条件，通道 x 与新增加的通道 y 类型匹配，否则
         无法完成演化*/
      BENGIN
        S_j :DeleService(r) ∘S_i ;/*删除服务 r*/
        S_j :AddService(u, v; r) ∘S_i ;
        /*在通道 u 和 v 中插入服务 r，产生新服务序列*/
        RETURN True; /*完成演化，返回完成结果*/
      END;
    ELSE
```

```
        BEGIN
          RETURN False;  /*无法完成演化，返回不能完成结果*/
        END;
      END;
  END  /*算法结束*/
```

7.3.5　通道增量演化

服务序列执行中会因为需求的变化而需要一个通道发生变化，一个原子服务需要直接给另一原子服务发送消息，或者一个原子服务需要接收新的通道消息，这种情况下就需要进行通道的插入或者删除。根据应用需要，通道增量演化包括插入通道增量演化和删除通道增量演化。

1. 插入通道增量演化

插入通道增量演化是不改变服务序列中的服务集合，只是在两个原子服务之间插入新的通道，如图 7.10 所示。

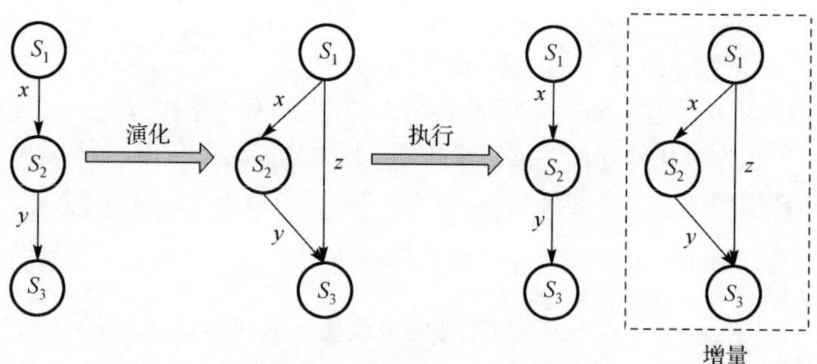

图 7.10　插入通道增量演化图

演化前的服务序列 S_i：

$$\overline{x}<m>\cdot s_1\circ S_i\cdot x(m)\cdot s_2\circ S_i\cdot\overline{y}<n>\cdot s_2\circ S_i\cdot y(n)\cdot s_3\circ S_i$$

演化后的服务序列 S_j：

$$\overline{x}<m>\cdot s_1\circ S_i\cdot x(m)\cdot s_2\circ S_i\cdot\overline{y}<n>\cdot s_2\circ S_i\cdot y(n)\cdot s_3\circ S_i\,|\,\overline{z}<p>\cdot s_1\circ S_i\cdot z(p)\cdot s_3\circ S_i$$

演化操作过程 P_{IC}：

$$S_i\xrightarrow{(z,(m,n,p))}S_j:$$

$$\overline{x}<m>\cdot s_1\circ S_i\cdot x(m)\cdot s_2\circ S_i\cdot\overline{y}<n>\cdot s_2\circ S_i\cdot y(n)\cdot s_3\circ S_i\xrightarrow{(z,(m,n,p))}\overline{x}<m>\cdot s_1\circ S_i\cdot x(m)\cdot s_2\circ S_i\cdot\overline{y}<n>\cdot s_2\circ S_i\cdot y(n)\cdot s_3\circ S_i\,|\,\overline{z}<p>\cdot s_1\circ S_i\cdot z(p)\cdot s_3\circ S_i$$

演化操作执行结束后，增量服务序列和原序列可并行执行，即 $S=S_i\,|\,S_j$。

算法 7.5　SaaS 服务插入通道增量演化算法 AddChannel_Increment(S_i , c)

输入：演化前的服务序列 S_i ，需插入的通道 c。

输出：演化结果，完成演化结果为 True，不能完成演化结果为 False。

```
BEGIN
  FOR 对于 Si 中的每一个原子服务 si DO
    BEGIN                                   /*查找演化插入通道的位置*/
      找到符合插入通道 c 的前驱服务 s1;      /*找到插入前驱位置*/
      找到符合插入通道 c 的后继服务 s2;      /*找到插入后继位置*/
    END;                                    /*end of FOR*/
  IF (m, n, p)满足 THEN                 /*(m, n, p)为演化使能条件*/
    BENGIN
      Sj :AddChannel(c) ∘Si ;           /*插入通道 x, 产生新服务序列*/
      RETURN True;                          /*完成演化, 返回完成结果*/
    END;
  ELSE
    BEGIN
      RETURN False;                         /*无法完成演化, 返回不能完成结果*/
    END;
  END;
END                                         /*算法结束*/
```

2. 删除通道增量演化

删除通道增量演化也是不改变服务序列中的服务集合，只是把两个原子服务之间的通道删除，如图 7.11 所示。

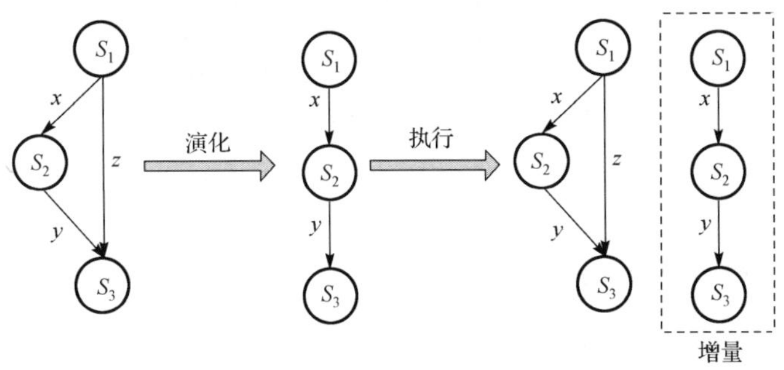

图 7.11　删除通道增量演化图

演化前的服务序列 S_i :

$$\overline{x}<m>\cdot s_1\circ S_i\cdot x(m)\cdot s_2\circ S_i\cdot\overline{y}<n>\cdot s_2\circ S_i\cdot y(n)\cdot s_3\circ S_i\,|\,\overline{z}<p>\cdot s_1\circ S_i\cdot z(p)\cdot s_3\circ S_i$$

演化后的服务序列 S_j :

$$\overline{x}<m>\cdot s_1\circ S_i\cdot x(m)\cdot s_2\circ S_i\cdot\overline{y}<n>\cdot s_2\circ S_i\cdot y(n)\cdot s_3\circ S_i$$

演化操作过程 P_{DC}：

$$S_i \xrightarrow{(z,(m,n,p))} S_j:$$

$$\overline{x}<m>\cdot s_1 \circ S_i \cdot x(m) \cdot s_2 \circ S_i \cdot \overline{y}<n>\cdot s_2 \circ S_i \cdot y(n) \cdot s_3 \circ S_i \mid \overline{z}<p>\cdot s_1 \circ S_i \cdot z(p) \cdot s_3 \circ S_i$$

$$\xrightarrow{(z,(m,n,p))} \overline{x}<m>\cdot s_1 \circ S_i \cdot x(m) \cdot s_2 \circ S_i \cdot \overline{y}<n>\cdot s_2 \circ S_i \cdot y(n) \cdot s_3 \circ S_i$$

演化操作执行结束后，增量服务序列和原序列可并行执行，即 $S = S_i \mid S_j$。

删除通道增量演化的算法与算法 7.5 类似，在此不再给出。

7.4 演化的复合

7.4.1 复合顺序

插入、删除、替换、移动和通道五种增量演化是 SaaS 服务演化的原子操作模型。所有的演化过程都可以通过原子演化操作模型复合得到，其中顺序插入增量演化和并行插入增量演化涉及分支的问题，需要分析演化顺序与演化结果的关系。演化复合过程如图 7.12 和图 7.13 所示。

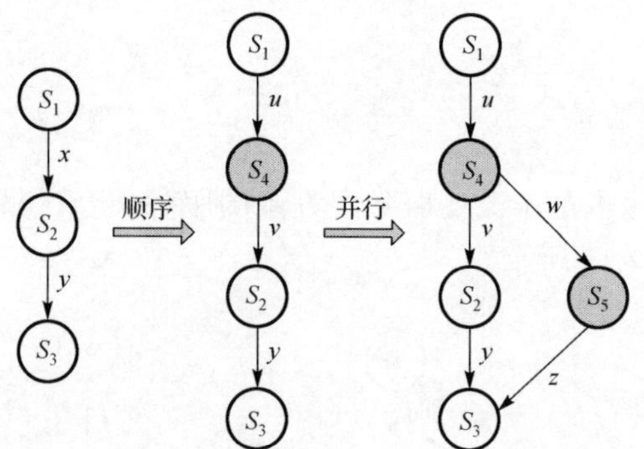

图 7.12 服务演化复合(复合顺序 1)

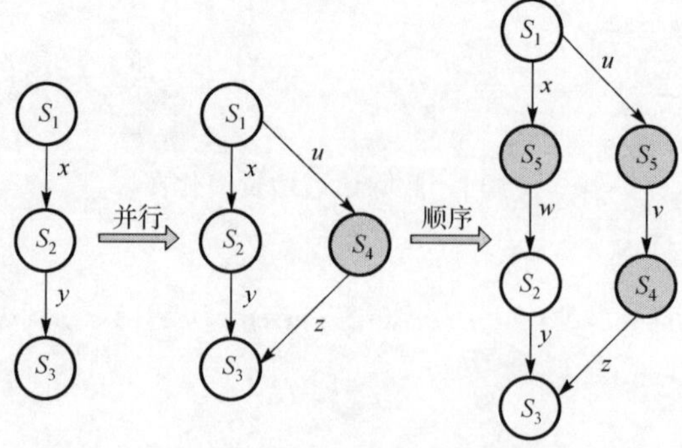

图 7.13 服务演化复合(复合顺序 2)

服务序列 S_i 表示为

$$\overline{x}<m>\cdot s_1 \circ S_i \cdot x(m)\cdot s_2 \circ S_i \cdot \overline{y}<n>\cdot s_2 \circ S_i \cdot y(n)\cdot s_3 \circ S_i$$

1. 按先顺序再并行复合(复合顺序 1)

先顺序插入增量演化的服务序列 S_j：

$$\overline{u}<p>\cdot s_1 \circ S_i \cdot u(p)\cdot s_4 \circ S_j \cdot \overline{v}<q>\cdot s_4 \circ S_j \cdot v(q)\cdot s_2 \circ S_j \cdot \overline{y}<n>\cdot s_2 \circ S_i \cdot y(n)\cdot s_3 \circ S_i$$

再并行插入增量演化的服务序列 S_k：

$$\overline{u}<p>\cdot s_1 \circ S_i \cdot u(p)\cdot s_4 \circ S_j \cdot (\overline{v}<q>\cdot s_4 \circ S_j \cdot v(q)\cdot s_2 \circ S_j \cdot \overline{y}<n>\cdot s_2 \circ S_i \cdot y(n)\cdot s_3 \circ S_i \mid \overline{w}<l>\cdot s_4 \circ S_k \cdot w(l)\cdot s_5 \circ S_k \cdot \overline{z}<o>\cdot s_5 \circ S_k \cdot z(o)\cdot s_3 \circ S_i)$$

2. 按先并行再顺序复合(复合顺序 2)

先并行插入增量演化的服务序列 S_j：

$$\overline{x}<m>\cdot s_1 \circ S_i \cdot x(m)\cdot s_2 \circ S_i \cdot \overline{y}<n>\cdot s_2 \circ S_i \cdot y(n)\cdot s_3 \circ S_i \mid \overline{u}<p>\cdot s_1 \circ S_j \cdot u(p)\cdot s_4 \circ S_j \cdot \overline{z}<q>\cdot s_4 \circ S_j \cdot z(q)\cdot s_3 \circ S_i$$

再顺序插入增量演化的服务序列 S_k：

$$\overline{x}<m>\cdot s_1 \circ S_i \cdot x(m)\cdot s_2 \circ S_i \cdot \overline{w}<l>\cdot s_5 \circ S_k \cdot w(l)\cdot s_5 \circ S_k \cdot \overline{y}<n>\cdot s_2 \circ S_i \cdot y(n)\cdot s_3 \circ S_i \mid \overline{u}<p>\cdot s_1 \circ S_j \cdot u(p)\cdot s_4 \circ S_j \cdot \overline{v}<o>\cdot s_5 \circ S_k \cdot v(o)\cdot s_5 \circ S_k \cdot \overline{z}<q>\cdot s_4 \circ S_j \cdot z(q)\cdot s_3 \circ S_i$$

先并行再顺序演化操作复合更复杂，而且包含冗余服务，必须进行消除冗余处理。两种演化顺序结果是否一致还需要进一步研究。

定理 7.1　当服务序列 S 同时进行顺序插入增量演化和并行插入增量演化时，两种演化顺序的结果是等价的。

证明：用互模拟理论证明。为区分两种演化结果，把按先顺序再并行复合的服务用 i', j', k', m', m'', n' 表示，且 m' 和 m'' 等价。

设(S, T)是一个标号迁移系统，T 表示 S 上服务的迁移关系 $T=\{(i,m),(i',m'),(m,n),(m,i),(m',n),(m'',n')\}$，并设 F 是一个 S 上的二元关系，$F=\{(i,i'),(j,j'),(m,m'),(m,m''),(n,n')\}$。因服务 i 在 T 上的迁移关系与服务 i' 在 T 上的迁移关系匹配，服务 j 在 T 上的迁移关系与服务 j' 在 T 上的迁移关系匹配，同理 F 上的所有服务对都能匹配且互模拟。

容易证明 S 上的自反性、对称性和传递性。由互模拟理论中强等价关系的定义，可得两种演化顺序的结果是等价的。

其他原子演化操作之间的复合类似，在此不作赘述。

7.4.2 复合行为

插入、删除、替换、移动和通道五种增量演化原子操作模型中，插入和删除是相反的动作行为。我们可以对这种动作行为之间的关系进行进一步的研究。

1. 插入和删除增量演化的行为分析

插入增量演化就是将一个原子服务插入到服务序列 S 中，演化成新的服务序列。插入增量演化是最基本的服务演化模型，又可以细分为顺序插入增量演化和并行插入增量演化。而删除增量演化是插入增量演化操作的逆过程，即删除一个原子服务的演化操作，生成新的服务序列。

定理 7.2 插入增量演化操作和删除增量演化操作不是互逆过程。

证明：设初始服务序列为 S_i，插入增量演化产生的序列表示为 $S=S_i\,|\,S_j$，如果对这个结果序列 S 进行删除增量演化操作，产生的新服务序列 $S'=S_i\,|\,S_j\,|\,S_k$，并不能还原到初始序列 S_i，因此，插入增量演化操作并不能通过删除增量演化操作进行还原。

同理可证明，删除增量演化操作并不能通过插入增量演化操作进行还原。

因此，插入增量演化操作和删除增量演化操作不是互逆过程。

2. 替换增量演化操作行为分析

当一个服务功能变更或需要维护时，通常通过替换操作进行服务演化。传统意义上的替换操作是通过先删除后插入来完成的。但替换增量操作并不能通过删除增量演化操作和插入增量演化操作复合完成。

定理 7.3 替换增量演化操作与先后完成删除增量演化操作和插入增量演化操作的结果不同。

证明：设初始服务序列为 S_i，替换增量演化操作完成后的结果服务序列为 $S=S_i\,|\,S_j$，而通过先删除后插入增量演化复合完成的结果服务序列是 $S'=S_i\,|\,S_j\,|\,S_i'$，操作结果不一致。

因此，替换增量演化操作与先后完成删除增量演化操作和插入增量演化操作的结果不同。

7.5 服务演化一致性分析

为适应服务演化所带来的变化，组成系统的服务必须不断演化。有的服务演化能保持系统的一致性，这可以通过分析服务的功能通道和运行时的环境来判定。有时由于系统环境的变化或新技术的采用，服务演化会破坏系统的一致性，这时必须分析一个服务的演化对其他服务的影响，以便对其他服务进行适当的调整，从而将系统恢复到一致的状态。

一个服务通过通道来请求或提供服务，如果暂时不考虑原子服务内部的演化，服务演化就意味着通道的演化。通道之间的交互行为由端口的功能类型和服务之间的传递通道类型决定。如果服务演化只影响端口的功能类型，则不需要重新建立服务之间的传递通道，这可以通过静态分析服务的功能来判定系统的一致性。如果服务演化导致服务间传递通道的重新建立，一致性判定就会变得复杂。

SaaS 服务演化过程实质上就是通道和消息的变化过程(暂时不考虑原子服务内部变化的因素)。随着服务的增量演化，通道和消息也将发生变化。下面将给出服务的增量演化过程中，通道和消息的变化约束规则。

定义 7.8　假如服务序列 S={S_1，S_2，S_3，…，S_n}，那么一个服务演化是正确的当且仅当 $S_1 \cdot C_c \cdot N_c = S_3 \cdot C_c \cdot P_c$ 和 $S_3 \cdot C_c \cdot N_c = S_2 \cdot C_c \cdot P_c$ 同时成立。

定义 7.9　假如服务序列 S={S_1，S_2，S_3，…，S_n}，那么一个服务演化是一致性的当且仅当演化是正确的，且 $S_3 \cdot C_I \cdot \mathrm{AS} = S_1 \cdot C_I \cdot \mathrm{AS}$ 或者 $S_3 \cdot C_I \cdot \mathrm{AS} = S_2 \cdot C_I \cdot \mathrm{AS}$ 成立。

由定义可知，若一个服务演化是一致性的，那么它一定是正确的，反之则不一定成立。

定理 7.4　原子增量演化是一致性的当且仅当新增加的服务 r 仅调用原有的服务集合。

证明：根据定义，顺序插入增量演化是将一个服务 S_i 增加到 S 序列中，演化成新的服务序列。演化前的服务序列 S 表示为 $\overline{x}<m>\cdot s_1 \circ S_i \cdot x(m) \cdot s_2 \circ S_i$。

由此可知，$S_i \cdot C_c \cdot N_c = S_j \cdot C_c \cdot P_c$ 成立。服务序列 S 的顺序插入增量演化结果为

$$\overline{x}<m>\cdot s_1 \circ S_i \cdot x(m) \cdot s_2 \circ S_i \xrightarrow{(s_3,(m,n))} \overline{x}<m>\cdot s_1 \circ S_i \cdot x(m) \cdot s_3 \circ S_j \cdot \overline{x}<n>\cdot s_3 \circ S_j \cdot x(n) \cdot s_2 \circ S_i$$

即 $S_i \cdot C_c \cdot N_c = S_r \cdot C_c \cdot P_c$ 且 $S_r \cdot C_c \cdot N_c = S_j \cdot C_c \cdot P_c$。根据定义 7.8，该服务演化是正确的。

又因为新增加的服务 S_i 仅调用原有的服务集合，即 S_i 只调用相连服务的接口通道。那么 $S_r \cdot C_I \cdot \mathrm{AS} = S_j \cdot C_I \cdot \mathrm{AS}$ 和 $S_r \cdot C_I \cdot \mathrm{AS} = S_i \cdot C_I \cdot \mathrm{AS}$ 至少有一个成立。根据定义 7.9，顺序插入增量演化是一致性的。用反证法很容易证明反之也成立。

同理可证明，其他增量演化操作也是一致性的。

算法 7.6　一致性验证算法 Conformity_Validation（S_i，S_j, r）

输入：演化前后的服务序列 S_i 和 S_j，新增加的原子服务 r。

输出：验证通过为 True，验证不通过为 False。

```
BEGIN
  MARK1，MARK2=False;          /*初始化服务判断标志和演化中间状态标志*/
```

```
    FOR 对于Si中的每一个原子服务 si DO
    BEGIN                              /*判断服务 r 是否为新增加的服务*/
    IF (si与 r 相同 and MARK=False) THEN
      BEGIN
        MARK=True;          /*服务 r 是新增加的服务，继续执行*/
        退出 FOR 循环;
      END;
    ELSE
      BEGIN
        RETUR False;                 /*服务r不是新增加的服务，是增量服务，返回结果*/
      END;
  END; /*end of FOR*/
IF ({S1,S2}∈Si,{S1,S2}∈Sj) and(Si·Cc·Nc=Sj·Cc·Pc)THEN
/*满足 S1、S2 时归属关系准确，且通道传递准确，评定服务演化的正确性*/
BEGIN
  Si·Cc·Nc=Sr·Cc·Pc;
  Sr·Cc·Nc=Sj·Cc·Pc;                    /*演化结果准确，可进一步评定*/
  MARK2=True;
  END;
IF(r·CI·AS=S1·CI·AS)and(r·CI·AS=S2·CI·AS)THEN
/*新增加服务 r 通道传递关系满足*/
BEGIN
  MARK2=True;                   /*演化结果准确，满足一致性*/
  RETURN True;                  /*返回验证通过结果*/
END;
END                             /*算法结束*/
```

7.6 本 章 小 结

本章基于 SaaS 服务需求和流程演化结果，对 SaaS 服务演化进行研究。给出 SaaS 原子服务的形式化定义和通道类型定义，确定服务基调；针对多租户服务的特性和要求，提出增量式服务演化的解决方法，并给出增量式服务演化操作模型及推理过程。通过原子服务演化的复合方法研究，解决实际演化过程中需执行多个操作的问题；通过服务演化一致性分析，确保增量式服务演化操作执行前后演化服务序列的正确和一致。

本章的增量式服务演化模型解决了多租户环境下的原子服务演化问题，保障了 SaaS 服务演化对租户的透明性。

第 8 章　SaaS 服务数据演化

本章以需求驱动下的 SaaS 流程和服务演化为基础，阐述 SaaS 数据演化的理论和方法。SaaS 应用升级时数据库模式的演化及数据的迁移是必不可少的环节。由于 SaaS 应用具有“单实例，多租户”的特征，数据的演化不同于传统应用。传统应用的数据演化只需暂停应用，升级数据模式并进行相应的数据迁移即可完成一次软件的演化。而当前 SaaS 应用普遍是基于网络的在线应用，面对大规模租户的同时在线使用，不能采用暂停服务离线演化的方式，而一次性演化由于租户规模庞大，会对底层数据库管理系统产生巨大负荷，严重影响 SaaS 应用的性能和大部分租户的正常使用。为了使 SaaS 软件能在线演化到新版本，不影响用户体验效果，演化过程中的性能下降或服务中断是面临的主要挑战，本章将着力解决这些问题。

SaaS 数据在规模和复杂度上的快速增长给人们提出了新的挑战。传统的数据演化本质上是工程设计问题，即按预先设定序列完成状态改变的过程，主要关注结构、关系和行为等微观层面的变化，其演化过程具有可预测性和可回朔性。云计算环境下，SaaS 数据演化出现了随机性和不确定性，一些不可预见的特性在宏观层面凸现出来，使演化过程变得难以驾驭，如数据涌现现象。本章着力于探索以上问题。

SaaS 数据的演化本质上是数据更新的问题。在云计算环境下的 SaaS 软件中，数据呈现出新的特点，数据量更大、数据种类更多、数据变化的速度更快，特别是对实时性要求更高。这些特点对数据演化提出了新的要求，如何提高数据更新的效率是关键。目前主要采用触发器、日志分析、快照三种数据更新的方式，其中触发器是通过检测数据变动实现更新，方法简单但对系统的性能会造成一定影响；日志分析对系统性能影响不大，但需要带有日志管理系统的数据库和分析日志文件的工具支持；快照法通过比较快照文件来发现数据变化，进而实现数据更新，但获取快照文件对系统性能也会造成影响。

数据的更新过程也可以理解为“数据朝着无限接近于客观世界的方向动态演化”的过程，实现数据的动态演化需要对数据进行抽象，建立一般的数据更新模型。

8.1　SaaS 数据模式的演化过程

8.1.1　演化策略

SaaS 流程和服务的演化会直接涉及数据的演化，而数据演化作为 SaaS 流程和服务演化的更低层次，必须在上层演化的驱动下进行。当应用进行演化时，为了保证用户的使用习惯顺利过渡到新版应用，旧版与新版应用需要同时在线为用户提供服务。为了保证数据演化过程中系统的性能，对于一次 SaaS 应用的演化，将数据模式从源模式到目标模式的演化过程分解为若干子过程，每个子过程只维护 SaaS 应用的一个中间模式供不同版本应用共享存取，并根据不同时间段应用上的负载分布、数据量的变化对其进行渐进式演化，使其从源模式逐步演化到目标模式，保证了演化过程中资源消耗最小，设计了 SaaS 数据的演化策略。

当 SaaS 应用进行演化时，新旧版本的应用将会同时存在，用户可能同时访问多个版本的应用。每个版本应用在最初进行设计的时候，其设计的数据库模式均不相同，本节将旧版应用和新版应用设计的数据库模式定义为源模式和目标模式。为了避免维护数据一致性带来的资源浪费，在源模式和目标模式都确定的情况下，在演化过程中维护一个中间模式的数据库，新旧版应用同时访问这个中间模式。并且以源模式为起点，目标模式为终点，将中间模式从源模式渐进式地演化到目标模式。下面将进一步对系统架构进行描述。

(1) 源模式在渐进式演化到目标模式的过程中，其每一次演化都是通过在当前模式的基础上执行一系列数据转换操作进行的。如果将这每一次演化的数据转换步骤合并到一起执行就可以将源模式演化到目标模式，因此得到这些数据转换操作步骤是首先要解决的问题。而在只有源模式和目标模式作为输入的前提下，我们无法直接计算得到这个问题的结果，取而代之的是首先对两个模式进行模式匹配。这个匹配过程利用源模式和目标模式作为输入，将两个模式之间相对应的各个元素进行模式匹配。

(2) 模式匹配的结果表明了源模式与目标模式之间各个元素的对应关系。有了两个模式之间的匹配关系，我们便可以得到源模式依次转换到目标模式所需要的实际序列。这些步骤如果依次执行完毕，便可以将源模式转换到目标模式，但这样的做法会占用大量时间与资源，是众多 SaaS 应用所无法接受的。如果将其分为若干部分，每隔一段时间选择一个合适的时间点执行一部分数据转换操作，例如，在用户访问量较小的时候，那么每一次进行数据转换操作的时间与资源消耗都将大大减少。

(3) 每隔一段时间执行一部分数据转换操作保证了应用为用户提供服务的可靠性，将这种方法称为应用的渐进式数据转换方法。在源模式渐进式演化到目标模式的过程中，由于中间模式与源模式和目标模式均不相同，各个版本应用存取当前数据库的效率也不一样。与此同时，随着时间的推移，使用旧版应用的用户数逐渐变少，新版应用的用户数逐渐增多。这些因素就对中间模式提出了较高要求：需要考虑各个应用上的用户数以及不同版本应用对当前数据库的存取效率来确定中间模式的形式。本节建立一个渐进式数据转换模型来确定中间模式的形式。

除此之外，由于源模式和目标模式的结构设计互不相同，那么应用在实现的时候同一功能的 SQL 写法也不同。如果要通过只维护一个数据库供多个版本应用同时访问的方法来构建系统，为了使应用都可以正确地存取数据库中的数据，一个 SQL 重写模块是必需的。它根据现有的中间数据库模式将所有的 SQL 都重新编辑为合适的格式，并保证应用与数据库之间的交互顺利进行。由于前人对此有过很多研究，此处只是给出这一模块的大体描述。首先找出原始访问数据单元，如表和属性，然后为中间模式重写它们。这一过程可能额外地耗费系统资源，但是通过预测中间模式，SQL 可以在运行环境中被提前重写，那么系统性能就不会被影响了。

8.1.2 演化框架

基于 SaaS 应用的渐进式模式演化通过只维护一个中间数据库模式供多个版本应用存取的方式实现，在演化过程中通过定义多个演化点，每个演化点上执行一些数据转换操作，使得中间模式从源模式逐步演化到目标模式。为了保证演化过程中的存取效率最高，需要对演化过程中各个时间点上的数据分布和各个版本应用负载进行预测。图 8.1 展示了渐进式数据模式演化框架。

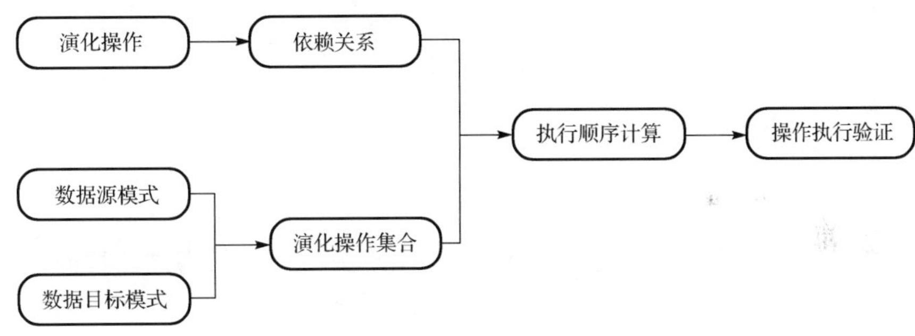

图 8.1　模式演化框架

8.1.3 演化点选择

在渐进式模式演化过程中，演化点是根据核实开始一个模式估计和决定怎样对模式进行演化的时间点。尽管数据库性能在不同的演化点之间是变化的，但模式自身和消耗估计过程都不会影响演化点的分布情况。因此，演化点的选取是相对独立于中间模式的选取策略的。在这里强调三种演化点选取的方法。

(1) 预定义。所有的演化点都被系统管理员或者数据库管理员根据应用的使用情况预先定义。例如，如果系统在周末有空闲时间，这样的时间可以被预先用于中间模式的估计与演化。

(2) 按需求定义。每一个演化点都被系统管理员或者数据库管理员按需求决定。这种模式对于应用是很灵活的，特别是对于那些很难进行状态预测的系统。

(3)按目的定义。因为达到了一系列门槛因素而触发演化点，如系统吞吐量、响应时间等。当系统性能达到了某些极限值时，一个演化点就会被定义用来进行模式演化。这样做使得系统性能可能优于预测的门槛，但是不适当的门槛设定可能导致设置过多的演化点。演化点选取的方法根据不同应用的环境而不同，例如，如果系统工作在对离线演化比较敏感的环境下，那么预定义模式或许可以提供一种比较懒的渐进式演化策略。如果系统对于性能比较敏感，演化点的选择就应该尽可能地保证实时系统的特性，因此按需求定义的方法在发现系统中负载较大时比较合适。如果系统的监视模块可以提供顺畅可靠的性能数据，利用按目的定义的方法来确定演化点可以为用户提供更好的服务。

上面有关演化点选取的方法与系统性能之间的关系由于在系统执行的诸多方面不同，所以比较难被形式化地描述出来，这里我们只是列举出一个观念上的关系。一般来讲，由于演化过程是基于负载、数据分布对消耗的估计的，演化点上对数据模式进行适当的调节来提供更优化的性能相应。然而从相反的角度来说，演化的过程需要锁住一些表来完成离线的模式演化，因此相关负载也必须中断。即使这样的锁活动仅仅与一部分数据模式相关，一些事务还是需要被缓存或者回滚，这可能严重影响系统性能。所以演化点的数量需要被控制在一个可接受的范围内，这也与实时系统的要求有关。

8.1.4　演化方法

全局最优的渐进式模式演化的思路是将演化过程进行统筹考虑，按照整个演化过程中的代价对演化执行序列进行取舍。中间模式根据当前状态和所有的后续状态来选取，这样就保证了策略在全局上具有最小的代价。

对于负载分布和数据统计量的估计，一个全局最优的方法可以用在渐进式模式演化中。在每个演化点上计算所有将来模式快照的性能信息而不是仅仅计算当前快照的信息。通常来说这是合理的，因为用户总是有计划地来定义演化过程与合适的演化点。

如果每一个周末的晚上系统都离线升级，那么它也可以被看作演化点。实际上，在第一个演化点上，最优的演化策略是根据以上思路进行计算的，我们对之后的几个演化点进行估计的原因是负载的估计并不一定准确。如果我们信任复杂系统的更新过程，这种误差可能会影响到整个演化过程的性能。假设我们设定了 c 个演化点，静态演化有 n 个数据转换操作步骤，在最坏的情况下，有 $2c \cdot n$ 个中间模式应该在第一个演化点处进行估计。而且整个演化过程需要检查 $\sum_{i=0}^{c} 2^{i-n}$ 个模式。达到这个状态也就是说源模式总是最好的模式，在每个演化点上都不执行操作。为了对这个解空间进行搜索，我们基于遗传算法给出一个全局最优模式演化算法。

8.1.5　演化过程

本节介绍利用遗传算法实现全局最优的渐进式模式演化算法，利用遗传算法来得出一个最优的解决方案。由于要从一些基本的数据转换操作中找出一个子集，潜在的解决方案可以很自然地用一些数字组成串来表示。

通过一个全局最优模型得到渐进式模式演化的最优方案：在知道了每个版本应用的负载以及数据库中的数据量之后，该方案利用遗传算法计算出演化过程中达到全局存取效率最优的模式演化操作分配方案。本节将数据依赖注入这个全局最优模型中，在遗传算法得出一个操作分配方案之后，首先利用操作执行顺序矩阵判断方案是否能够执行成功，然后判断方案的效率高低。

判断方案正确性的算法步骤如算法 8.1 所示。算法表示在操作分配方案中如果存在违反了操作执行顺序要求的操作序列，则此方案执行时可能出现错误。规定相对于源模式，ADD 操作表示增加字段，SPLIT 操作表示拆分表，COMBINE 操作表示合并字段。

算法 8.1　判断方案正确性的算法

输入：源数据模式、目标数据模式。

输出：源数据模式演化到目标数据模式的操作执行顺序。

```
BEGIN
S:=源数据模式演化到目标数据模式的操作集合
n 初始化
初始化操作矩阵
FOR  S 中的每一个 ADD 操作
    IF 新增的字段需要对应一个外键&&外键所在的表 T 被创建
    THEN 先执行创建表 T 的操作
END FOR
FOR  S 中的每一个 SPLIT 操作
    IF 拆分后从表中还需做新增字段的操作
    THEN 先拆分表
END FOR
FOR  S 中的每一个 COMBINE 操作
    IF 待合并的两个表都不存在
    THEN 先执行创建/拆分/合并生成两个待合并表的操作
END FOR
RETURN
END
```

8.1.6 演化结果

在定义了基本的模式演化操作，以及各个操作之间的数据依赖之后，本节介绍计算模式演化操作顺序的算法。

源模式执行一些操作之后可以演化到目标模式，有了源模式和目标模式之后，进行模式的渐进式演化时，需要将这些操作分配到若干演化点上：演化过程中每隔一段时间会到达一个演化点，此时执行该点对应的一组演化操作，在所有操作执行完毕之后演化结束。为了保证演化过程中不出错，并且最终演化到正确的目标模式，渐进式演化方法限制模式演化操作按照一定的规则执行。

算法 8.2 是利用一个操作执行顺序矩阵约束模式演化操作的执行顺序。

算法 8.2 判断执行顺序的算法

输入：A，模式演化操作执行顺序矩阵；P，模式演化操作分配方案。

输出：RESULT，分配方案是否满足执行顺序的要求。

```
BEGIN
FOR  P 中的每一个操作
提取 A 中第 j 列所有值为 1 的操作组成集合
IF 集合为空，返回第 5 行继续下一个操作
ELSE
    FOR 集合中的每一个操作
     IF 集合顺序执行完
RETURN  FALSE
   END FOR
RETURN  TRUE
END
```

本节以需求驱动下的 SaaS 流程和服务演化为基础，研究 SaaS 数据演化方法。SaaS 应用升级时数据库模式的演化及数据的迁移是必不可少的环节，本节将数据模式演化视为一个长期的过程，利用渐进式模式演化的思想，在演化过程中设置多个演化点，并将数据转换步骤分配到这些演化点上分散执行，考虑到不同的数据转换操作之间存在数据依赖，在保证满足依赖条件的前提下基于算法计算出全局代价最小的渐进式演化方案。

8.2 SaaS 数据模型演化方法

SaaS 数据演化主要是通过模型演化来实现的，而数据模型的演化是在用户驱动下完成的，也就是数据模型的演化主要是为了应对用户需求的变化问题，在数据模

型演化的过程中，首先需要抽取数据模型结构信息，再通过模式匹配、模型演化、数据转换等操作，最终完成对数据模型的演化。

8.2.1 演化框架

SaaS 数据模型演化框架由模型抽取、模型语义描述、模型匹配、演化序列计算构成，其中每个过程又细分为多个子过程。SaaS 数据模型演化过程必须满足由于业务更新或者用户提出请求变更时，数据模型进行同步更新的需求，顺利完成数据模型升级、模型按需演化的目标。

(1) 模型抽取过程。模型抽取是模型演化的基础，也是满足租户按需演化的关键，如何将 SaaS 租户的数据操作请求转换为数据模型。通过定义具有通用性高、扩展性强的模型抽取规则描述语言，并通过成熟的基于规则的模型抽取算法得到数据模型。

(2) 语义描述过程。该过程解决模式匹配过程中模型描述不一致的问题，数据模型中的实体名、属性名都可能会发生改变和用户新定义，在模式匹配过程中无法只从元素级或者结构级进行模式匹配，可以根据数据项的名称在数据元映射字典中找到与之对应的数据元。

(3) 模式匹配过程。模式匹配是模型演化操作的前提，通过合理有效的模式匹配算法找到模型之间的异同点，是整个模型演化操作的关键之处。在语义描述中已经实现了数据模型与全局数据模型的基于数据元语义的统一描述，语义树中的各个节点就可以通过模式匹配方法得到模型元素之间的相似度，最后找到模型之间的异同点。

(4) 演化序列计算过程。得到模型差异后，就需要通过相应的算法来确定对模型如何进行演化，通过分析模型演化可能遇到的各种操作，系统预先定义了一组模型操作算子，包括增加实体、增加列、增加关键字、表拆分等运算。通过静态模型转换策略，发现和解决模型之间在语义与结构上的冲突问题，计算得到模型修改的操作序列，通过模型操作算子执行模型修改的操作序列，最终完成对全局模型的演化。

8.2.2 模型演化相关定义

在租户需求的驱动下，及时对 SaaS 数据模型进行演化操作，得到数据操作请求，但一味地满足租户需求必然会造成结构与语义的冲突。本节主要介绍数据模型演化过程中模型产生的冲突以及相应的解决机制，描述模型演化的操作规则以及具体的操作实现，最后对模型演化按照粒度进行了划分，并对模型之间的演化进行了详细规则定义。

定义 8.1 模型差异。在同一抽象级别上给出两个模型 U 和 G，U 表示租户数据模型，G 表示 SaaS 数据模型。通过相关的模式匹配算法得到 U 与 G 之间的模型差异定义为 ΔM。但 $\Delta M \neq G-U$，ΔM 只是表示 U 与 G 之间的不同。

定义 8.2　SaaS 数据模型演化。SaaS 数据模型 $G=\{m_1, m_2,\cdots, m_n\}$，由于租户数据模型 U 发生变化，可得到模型差异ΔM，SaaS 数据模型按照ΔM 逐渐进行模型的演化，最终得到模型，即 $G+\Delta M$，这个过程就称为 SaaS 数据模型的演化。

定义 8.3　SaaS 数据模型。SaaS 数据模型用来描述 SaaS 系统的数据结构、数据约束条件等信息，它由实体、属性以及实体之间的关系组成。

定义 8.4　实体。客观存在并相互可区别的事物称为实体。数据模型中的实体是组成 SaaS 数据模型的基础，也是模型演化操作的对象。

定义 8.5　属性。实体所具有的某一特性称为属性。一个实体可以由若干属性来刻画，其中唯一标识实体的属性集称为码，属性的取值范围称为该属性的域。

定义 8.6　实体类型。具有相同属性的实体必然具有共同的特征和性质。用实体名及其属性名集合来抽象和刻画同类实体，称为实体类型。

定义 8.7　实体集。同型实体的集合称为实体集。

定义 8.8　联系。事物内部以及事物之间是有联系的，这些联系在信息世界中反映为实体(型)内部的联系和实体(型)之间的联系。实体内部的联系通常是指组成实体的各属性之间的联系。实体之间的联系通常是指不同的实体集之间的联系。两个实体型之间的联系可以分为三类：一对一联系、一对多联系以及多对多联系。

8.2.3　模型演化语义冲突

SaaS 数据模型的基本单位是属性，而且属性本身就蕴含着语义信息，由于某个实体或者某个属性的更改可能会造成数据模型的语义与结构产生冲突，从而破坏了其他租户的操作应用，造成数据模型演化的失败。所以演化后的数据模型必须符合系统所支持的数据模型在语义、结构上的限制。

1. 冲突问题描述

SaaS 数据模型是对现实世界的数据进行概念层次结构的建模，每一个概念结构都是租户对现实世界的一种表述形式。由于 SaaS 数据模型的构建者所使用的建模方式不同，所构建的数据模型元素也存在差异。语义匹配的目的正是通过相关算法找到模型元素之间的语义关系。

SaaS 数据模型的演化操作必然会使其属性层与实体层带来结构与语义的冲突，对此将从属性层与实体层中存在的语义冲突进行分类。

1)属性层的冲突

(1)属性类型冲突：语义相关的属性可能在不同数据模型中采用不同的数据类型进行定义。例如，日期的表示可能存在 date 类型和 string 类型的差异。

(2)属性命名冲突：不同的数据模型中语义相关的属性以不同的名称命名，即异名同义，而语义不相关的属性可能存在同名的情况，即同名异义。也就是存在着对相同实体的属性采取不同的描述定义的方式。例如，某表的“姓名”属性命名为 name，而在另一个表中则用 first_name、last_name 两个属性来描述。

(3) 属性长度冲突：同一个实体同一属性可能拥有相同的数据类型，但是可能定义的数据长度存在差异，这就产生了数据长度的冲突。

2) 实体层的冲突

(1) 实体间冲突：实体之间的冲突分为包含冲突与相交冲突。包含冲突指的是某个实体的属性集是另外一个实体属性集的子集。相交冲突就是两个属性集相交不为空集，可能存在一个实体的属性集是另外几个实体属性集的集合，即一个实体可能在另外一个数据模型中由几个实体来描述的情况。

(2) 属性与实体冲突：在一个 SaaS 数据模型中的属性名可能在另外一个 SaaS 数据模型中被当作一个实体名存在的冲突。例如，birth_date 本身是一个表名，而在 employee 表里却作为一个属性存在。

(3) 实体关键字的冲突：两个相同含义的实体可能由不同的一个或者一组关键字所约束，即主关键字的冲突。例如，employee 与 employee2 表中的关键字一个是 employ_id，另一个是 employ_id 与 department_id 共同作为主键。

2. 冲突问题解决

SaaS 模型演化过程中实体、属性产生的语义与结构的冲突问题的消解，要求模型演化必须保持模型的一致性。模型的一致性是指模型自身内部不能出现矛盾，它必须由模型一致性约束来刻画。模型的约束可分为唯一性约束、存在性约束等，满足所有这些约束的模型称为一致性。

(1) 命名的唯一性。SaaS 数据模型中不允许存在两个同名的实体，同一个实体中不允许存在同名的属性。

(2) 实体中的属性来源唯一性。实体中的属性只能有两种情况，要么是用户自定义的，要么是从父类继承的。

(3) 全继承性。如果定义了某个实体的父类实体，那么该实体将继承父类实体的所有属性(同名的属性在子类实体重新定义时除外)。

对语义冲突有以下解决机制。

(1) 属性类型的冲突：对属性类型之间的转换按数据的损失程度分为无损、有损、不能转换三种情况。

(2) 属性命名的冲突：针对属性命名中的同词异义、异词同义的情况进行统一命名，参照命名唯一性约束，或者建立同义词、异义词字典。

(3) 属性长度的冲突：对于发生属性长度冲突的全局数据模型中的属性，选取两个属性长度的最大值作为属性的长度。

(4)实体与实体冲突：实体与实体之间的冲突即语义相同的表由不同数量的表来进行描述。

(5)实体与属性的冲突：对于某个实体可能作为另外一个实体的属性存在的情况，保留将实体作为属性的实体的信息。

(6)实体中关键字的冲突：针对语义相同的实体，但关键字的数量不同的问题，从两个实体中选取公共候选关键字作为实体的主关键字。

为了保证 SaaS 数据模型演化操作始终满足语义的要求，在模型演化过程中规定了一些演化冲突的具体操作规则。运用这些规则保证了 SaaS 数据模型语义的合法性。当然，由于不同的操作系统支持的数据模型存在差异，对其语义的理解也是不同的，所以可以采用不同的规则作为解决模型演化冲突的手段。

对属性层的模型修改操作规则如下。

(1)当定义新属性时，如果该属性已经在某个实体中存在或者有与新属性同名的属性时，若实体原有的属性是从父类继承的，则将定义新属性取代原来的属性。如果该属性是实体自身定义的，则拒绝接受新的定义。

(2)当某个实体的属性名称进行了修改，该修改操作应该递归地应用到所有该实体的子类实体上(子类实体重新定义了该属性时除外)。

(3)假设子类实体 B 从父类实体 A 上继承了属性 a，而属性 a 是对实体 C 的引用。若实体 B 发生了对 a 的重新定义，使得该属性成为对实体 D 的引用，则实体 D 要么是父类实体属性 a 引用的实体 C，要么是实体 C 的子类。

对实体层的模型修改操作规则如下。

(1)当需要创建一个新的实体时，若指定了该实体的父类实体，则该实体被加入到父类实体层次中；若没有指定其父类实体，则该实体作为一个新的实体层次的根单独建立。

(2)当某个实体被删除时，该实体的所有直接子类实体将作为其父类实体的直接子实体。

(3)当定义某个实体 A 是实体 B 的父类实体时，A 中的所有属性将被实体 B 继承，A 中有与 B 中的属性存在同名的情况除外。

8.2.4 模型演化操作规则

根据 SaaS 数据模型演化的操作粒度的差异，将模型演化分为基本演化操作(basic evolution operation)和复合演化操作(composite evolution operation)。其关系是单一的演化操作算子构成了基本演化操作，基本演化操作的组合又构成了复合演化操作。一般的演化操作的前提条件和后置条件比较稳定，对特定模型和特定参数没有依赖性，所以在进行 SaaS 数据模型演化操作的过程中，常常可以忽略二者的存在。

演化的操作集主要是模型操作的一系列操作算子的集合，通过执行操作算子最终得到模型演化操作结果，在对操作算子的分析中引入了面用对象系统的思想，其一是模型的修改必须与现有的应用程序相互集成，相互适应；其二就是特定的高级数据库编程语言的开发，降低了它对某个具体的数据模型的依赖性，将应用程序与大多数模型演化相分离。吸取其一思想，即对模型的不同情况进行分开的处理。

其中，基本演化操作就是可以独立作用在模型元素上实现模型演化的最终结果，并且这些演化操作是不可再分割、分解的。复合演化操作就是由多个基本演化操作组合在一起完成的一次演化操作。由此可知，基本演化操作的算子就是整个演化操作的最小粒度算子。同样，也可以把一个模型中的元素进行分类，模型演化操作元素分为简单元素与复杂元素，对于不同元素的模型演化有不同的情况，同时结合本章研究对象的特性，最终定义的数据模型演化操作算子如表 8.1 所示。

表 8.1　SaaS 数据模型演化操作算子

序号	演化操作算子	语义说明
1	Add Node	增加实体节点
2	Del Node	删除实体节点
3	Add Node Attribute	增加实体属性
4	Del Node Attribute	删除实体属性
5	Set Node Attribute	修改实体属性
6	Add Inheritance	增加实体间继承关系
7	Del Inheritance	删除实体间继承关系
8	Add Associated	增加实体间关联关系
9	Del Associated	删除实体间关联关系

把租户的一个数据模型中的一个表信息抽象为一个实体，一个实体由一个或者多个属性(attribute)来描述，在属性中一定有一个或者一组属性作为主属性。不同的两个实体之间通过属性来关联。实体又可以分为简单实体与复杂实体。简单实体指的是由基本属性集构成的实体。复杂实体就是存在引用继承关系的实体。对于复杂实体模型演化最常见的复合演化操作有以下几种：模型元素的分解、模型元素的合并和模型元素的移动。复合演化操作如表 8.2 所示。

表 8.2　复合演化操作

序号	复合演化操作	语义说明
1	Move Up Node	提升实体节点的继承层次
2	Move Down Node	降低实体节点的继承层次
3	Split Node	将一个实体拆分为多个实体
4	Merge Node	将多个实体合并为一个实体
5	Move Node Attribute	将某个实体属性添加到另一个实体属性中

8.2.5 演化过程计算

针对用户数据模型语义描述的特性，借鉴目前模式匹配的优势因素，根据需要设计数据模式匹配算法；在模式匹配算法结果的基础上，设计出模型静态转换策略的算法思想与具体算法设计。模式匹配映射关系的计算过程如图 8.2 所示。

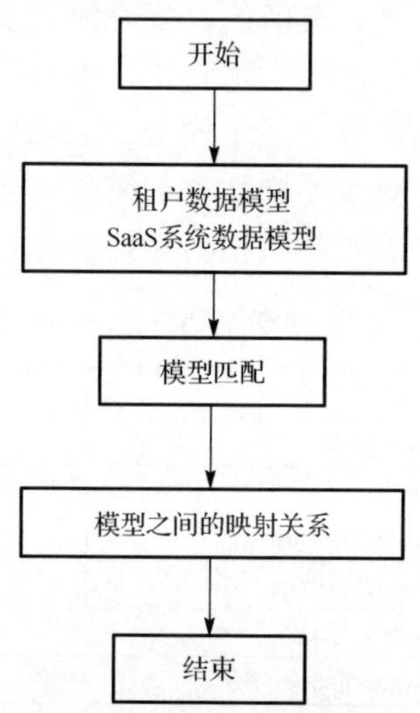

图 8.2　模式匹配映射关系的计算过程

基于元素与结构的模型匹配算法将租户数据模型与 SaaS 数据模型作为输入，并且租户数据模型与 SaaS 数据模型采用统一的数据模型语义进行描述，通过元素的语义匹配与结构匹配加权平均的方式得到模型之间元素的相似度，最后得到模型之间的映射关系，这样可以大大提高模式匹配的准确率，然后结合数据模型的语义树，基于元素级与语义结构对数据模型进行模式匹配。

待匹配节点 s 与 t 之间的相似度由编辑距离相似度与数据类型相似度加权求和。基本语义匹配相似度的计算公式为

$$\mathrm{sim\_basic} = \mathrm{wt} \times D(s,t) + \mathrm{ws} \times \mathrm{sim\_type}(s,t)$$

$$\mathrm{wt} + \mathrm{ws} = 1, \quad 0 \leqslant \mathrm{ws}, \mathrm{wt} \leqslant 1$$

数据类型相似度的计算是根据数据类型的长度进行的计算。$D(s, t)$为名称相似度的值，由改进的编辑距离算法计算得到。

对于两个字符串 S、T，将 S 转换成 T 所需要的操作步骤的总数量(删除、插入、替换)称为 s 到 t 的编辑路径。所有编辑路径中最短的编辑路径就是字符串 S 与字符串 T 的编辑距离。编辑距离越小表示两个字符串的相似度越高。

设源字符串为 $S(s_1,s_2,\cdots,s_n)$，目标字符串为 $T(t_1,t_2,\cdots,t_m)$，n 和 m 分别表示 S、

T 的字符串长度。编辑距离 LD 的计算方法为

$$\mathrm{LD}=\begin{cases}0, & n=0\text{且}m=0\\ m, & n=0\text{且}m>0\\ n, & n>0\text{且}m=0\\ \boldsymbol{D}(n,m), & n>0\text{且}m>0\end{cases}$$

其中，$\boldsymbol{D}(n,m)$ 为 $(n+1)\times(m+1)$ 阶矩阵：

$$\mathrm{LD}=\begin{cases}i, & j=0\\ \min\begin{cases}D(i-1,j)+1\\ D(i,j-1)+1\\ D(i-1,j-1)+\mathrm{cost}\end{cases}, & i\geqslant 1\text{且}j>1\\ j, & i=0\end{cases}$$

其中，i 表示字符串 S 中第 i 个字符；j 表示字符串 T 中第 j 个字符。

SaaS 数据模型的模式匹配与模型演化操作共同构成了数据模型的演化。通过 SaaS 数据模型演化操作序列的计算算法，可以计算出模型进行演化需要执行的一系列 SQL 操作集合。对概念形式化描述以及公式进行描述，为了让描述更加通俗易懂，将在关系数据库中对租户数据模型与 SaaS 数据模型进行部署。首先假定租户数据模型中存在 n 个关系，SaaS 数据模型中存在 m 个关系，租户数据模型中的属性、属性域分别用符号 A、dom(A) 表示；SaaS 模型的属性、属性域用符号 B、dom(B) 表示。此处算法略去。

8.3　SaaS 数据演化涌现性问题

以目前国内外研究者已经取得的研究成果为基础，进一步探索网络大数据背景下的 SaaS 数据演化规律，并从系统整体论的角度出发，以现有数据为基础，通过持续采集网络社区样本数据模拟 SaaS 数据演化过程，发现演化过程中的涌现性特征，通过特征抽取和关联分析，建立 SaaS 数据演化的模式涌现性、行为涌现性和语义涌现性特征关系网，并建立度量模型。

8.3.1　认识数据演化的涌现性

1.涌现的概念

涌现最早是系统科学概念，通常指“因局部组分之间的交互而产生系统全局行为”或“源起于微观的宏观效应”。涌现性是客观世界中普遍存在的一类现象，局部按照某种方式组成整体后，就会产生局部不具有的特性，这种整体具有而局部不具有的特性称为涌现性(emergence)。

就 SaaS 数据演化而言，演化过程本身就是 SaaS 数据个性特征变化的过程，由此引起的整体特征变化属于累加过程。但也有可能产生预期之外的整体特征，这时涌现现象发生，且这种整体特征的出现是不可预知的，如新 SaaS 数据单元的进入使原有数据之间的关联关系增加，同时预期之外的关联关系产生出来，表现为新的整体特征，如图 8.3 所示。

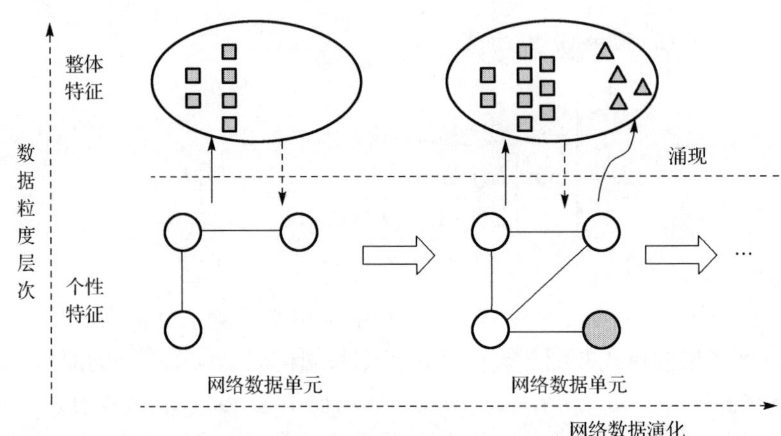

图 8.3　数据演化中产生涌现性

2. 涌现产生的根源

研究 SaaS 数据演化涌现性的目的是探索产生的原因，并找到控制涌现性的科学方法，因此，必须深入探索涌现性产生的根源，可以通过以下几个事实加以理解。

(1) SaaS 数据单元通常采用的是自底向上的设计方法，设计者往往只关注内部逻辑，其在外部参与的演化过程中，宏观特性对设计者来说具有新奇性和不可预测性，涌现性产生是必然结果。

(2) SaaS 数据的演化过程被置于开放的环境中，演化行为的难以预测是宏观层面涌现性产生的关键因素。

(3) 系统涌现性产生的条件包括交互组分、分散控制、双向关联等，这些条件本身就属于数据的演化行为特性，因此需要对新奇性、不可预测性等特征进行更深层次的研究。

3. 涌现性的分析框架

通过 SaaS 数据演化涌现性的分析框架，描述涌现性产生的基本流程，定义流程中涉及的相关概念，并明确分析过程中的基本问题和解决方案。

涌现性产生的流程包括：分析演化过程中某一时刻 SaaS 数据单元的行为，并且抽象出微观层面的模型，利用工具进行从微观到宏观的模型分析，得到宏观层面的特性，最后根据判据分析涌现特性产生的可能性，并将涌现特性分离出来。分析框架如图 8.4 所示。

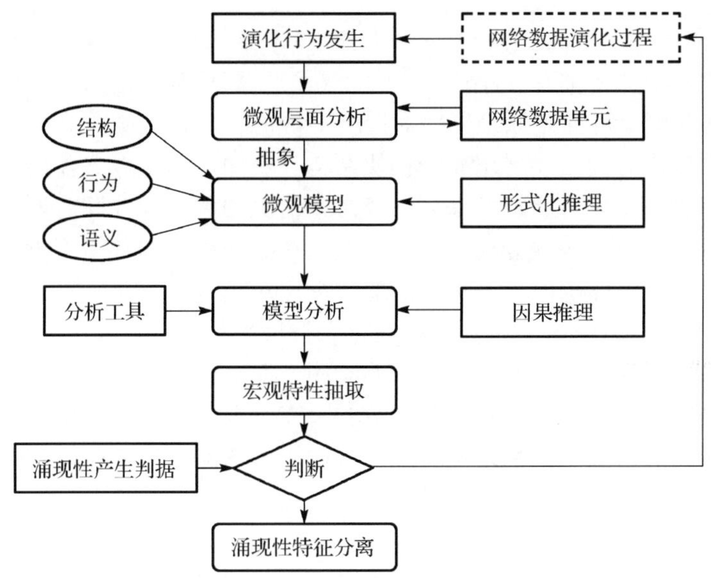

图 8.4　数据演化中涌现性的分析框架

8.3.2　SaaS 数据演化的相关定义

定义 8.9　SaaS 数据单元(network data unit)：在开放网络环境中一定粒度下数据集组成的集合，定义为二元组 NDU={<DS，ENV>}。其中，DS=<ds_1，ds_2，…，ds_n>，ds_i(i=1，2，…，n)是网络数据集；ENV=<env_1，env_2，…，env_n>，env_i(i=1，2，…，n)是子环境。

因为开放网络环境中的数据通常是异构的，环境各不相同，且数据存在的价值和意义与环境的关系很大，所以每个数据集都对应各自的环境。而传统的数据演化则弱化了环境的影响。

由于微观层面的分析主要考察的是 SaaS 数据单元在演化过程中的活动，其抽象粒度应该由演化的需求确定，可以是表、网页、数据库、视频等。

定义 8.10　SaaS 数据演化微观行为：当 SaaS 数据演化行为在某个时刻发生时，体现在某个网络数据单元上的变化性质。

定义为函数 ELC(NDU，t)= NDU′，其中，NDU′表示在 t 时刻发生演化后产生新的网络数据单元。

定义 8.11　SaaS 数据演化宏观特性：由于 SaaS 数据在微观层面发生的演化，宏观层面表现出来的特性，包括结构、行为和语义三方面的变量。

8.3.3 SaaS 数据演化的涌现性特征

(1)模式涌现性。SaaS 数据表现出大体量、多类型、异结构等特点，持续演化的数据在结构、功能方面存在不确定性，不断演化和新数据加入会产生新的特定模式特征，而这些模式特征是原来局部数据所不具备的，SaaS 数据之间不同的关联程度也会使数据构成的网络涌现出新的模块结构。例如，由于业务需要，对原有的空间地理数据库进行演化，增加环保局环境污染情况图层，与此同时网络社区数据也在不断增加，通过自动关联分析发现，公众在社区中讨论的环境污染情况和环保局的图层数据存在分歧，这时就涌现出新的数据比对模式。

(2)行为涌现性。SaaS 数据在不断演化和持续增长，许多 SaaS 数据都具有原始结构，某些个体行为数据并不依赖于原始结构，而是涌现出新的行为特征，且这些个体 SaaS 数据的行为并不是一直孤立存在的,而是会在演化过程中自发地形成相互分离的连通块，即新的行为涌现性特征。例如，著名网络科学家 Barabasi 通过研究发现，用户发邮件的数量在一天的某些时刻会出现“爆发”现象，并发现每个人连发两封邮件之间的时间间隔涌现出幂律分布特征。

(3)语义涌现性。从语义角度，SaaS 数据分为两种情况：一种是预先定义语义(如传统数据库)，另一种是没有全局控制和预先定义(如社区网络数据)。这些没有预先定义的语义会在演化过程中不断互相融合和连接，并形成新的语义，整个过程随着 SaaS 数据的演化而持续变化，从而形成 SaaS 数据的涌现语义。

(4)建立涌现性关系网。基于 SaaS 数据演化过程中的模式涌现性、行为涌现性和语义涌现性，可进一步探索各类涌现性的发生条件、涌现路径和关系。SaaS 数据在演化过程中都会自发地形成相互分离的连通小块,这些连通块的形成是有条件的,且变化路径具有一定的规律性。因此，建立这些连通块之间的关系网对驾驭网络数据的不确定性具有非常重要的意义。

因此，涌现性是 SaaS 数据演化区别于传统数据演化的关键特性。目前，针对 SaaS 数据演化的涌现性研究尚未成熟。研究者主要对 SaaS 数据的涌现性特征进行研究，从模式、行为和语义三个层面的复杂性进行分析，或者从机器学习角度出发，分析传统的数据挖掘算法在 SaaS 演化过程中的应用。

由于涌现性本身的复杂性，SaaS 数据演化的涌现性是一个不容易驾驭的问题，本节首先从认识 SaaS 数据演化涌现性的角度出发，客观分析了在 SaaS 数据演化过程中产生涌现性的原因、对象和描述；从而进一步分析涌现性产生的判据，以及与一般性复杂系统判据的差异，再给出 SaaS 数据演化涌现性主要关注的问题。以此为基础，进一步研究 SaaS 数据演化的涌现性分析框架和方法。

8.3.4　涌现性分析过程

SaaS 数据演化涌现性特征是从宏观特性中抽取出来的，抽取的标准就是涌现性判据。

在开放网络环境中，由于 SaaS 数据单元在属性、功能等存在差异又相互关联，所以在演化发生后会在宏观层面产生新奇的结构，主要体现在两方面：①SaaS 数据单元之间的关联关系发生变化，新的关联关系出现，原有的关联关系内涵发生改变，甚至瓦解；②SaaS 数据在演化过程中会自发地形成相互分离的连通数据小块。行为涌现性主要体现在统计结果上，理论上任何 SaaS 数据单元之间都有可能存在联系，而这种联系不依赖于最初的设计且需要在某个条件下才会发生，预设这些条件是不现实的，需要演化发生时按照某种规则去获取。SaaS 数据单元在没有宏观控制和预定义的情况下，在演化过程中不断相互融合和连接而形成语义，而且随着时间的推移在不断演化，从而形成语义的涌现性，例如，“时尚”和“高新技术”随着时间的推移和 SaaS 数据演化过程不断涌现出新的语义。

因此，在开放网络环境下，传统的数据分析方法和理论不能完全解释这些现象，需要一个完备的新理论体系来指导。

通过从微观到宏观的分析，揭示微观机制的宏观效应及内在机理，但是目前还没有一种通用的方法能解决系统科学中的微观到宏观的过渡问题。可以将系统中层次之间的关系定义为因果关系，即向上因果和向下因果，并由此将涌现性产生分为四种类型：简单涌现、弱涌现、多重涌现和强涌现。SaaS 数据演化属于由向上因果引起的简单涌现。

数学解析是系统科学中从微观到宏观分析的主要方法之一。SaaS 数据演化在微观层面是一个多自由度、高维度的系统，而在宏观层面是一个少自由度、维度较低的系统，因此，涌现性分析过程是一个将高维系统映射到低维度的过程。从整体上看，SaaS 数据单元之间的耦合度不高，这在一定程度上降低了数据解析过程的复杂性。

以 SaaS 数据单元为微观层面的基本输入变量，即微观变量，根据演化行为结果给出基于变量的演化前后的数学方程。抽取由于 SaaS 数据演化行为得到的宏观特性，即结构变量、行为变量和语义变量，统称宏观变量。然后，根据微观变量和宏观变量的关系，通过数学推导求解并建立数学方程，进而得到相应的涌现性。

8.4　SaaS 数据演化涌现性的度量

8.4.1　涌现性度量问题

涌现性的度量是复杂系统的重要研究领域之一。基于 SaaS 数据演化的涌现性特征进一步对度量问题进行深入阐述，深化对涌现性的认识。涌现性的出现往往是SaaS数据演化从无序到有序的结果，而信息熵是对无序性的度量，因此，采用熵来定量度量SaaS数据演化的涌现在理论上是完全可行的。目前基于信息熵的涌现性量化研究比较少，需要解决以下问题。

(1) 基于特征量化属性。对SaaS数据演化的涌现性度量首先要完成属性选择、宏观层次抽取工作，对度量结果的影响范围进行限制，为建立度量模型打下基础。

(2) 信息熵与涌现性的相关性分析。首先探讨了二者之间的关系，并对二者关系的本质给出相应说明，建立涌现性和信息熵之间的桥梁，进一步论证工具选择的准确性。

(3) 给出信息熵的合适计算方法。实际系统中计算相关属性的信息熵值十分困难，因此需要可行的简化方法。拟采用信息熵值法对SaaS数据演化中涌现性进行量化度量，并基于概率估计提出了可行的信息熵值计算方法。

(4) 建立度量模型。基于以上工作，建立SaaS数据演化的涌现性属性和信息熵计算方法之间的关系，给出度量模型。

综上，研究SaaS数据演化涌现性特征和度量具有重要的科学意义，是在大数据环境下软件演化理论的完善和补充，对于研究更多的社会网络模型和理解网络瓦解失效的发生有着十分重要的意义。

8.4.2　求解涌现性的信息熵值的方法

由n个SaaS数据单元$\mathrm{NDU}_i(i=1,2,\cdots,n)$组成的系统$S$，为简化问题暂时不考虑系统$S$内部演化产生的涌现性问题。选择系统$S$演化的一个属性$h_i$（如结构涌现性、行为涌现性和语义涌现性等），得到每一个SaaS数据单元$\mathrm{NDU}_i(i=1,2,\cdots,n)$针对属性$h_i$的概率分布$P_i(i=1,2,\cdots,n)$，并计算信息熵$H_S=H(P_1,P_2,\cdots,P_n)=-k\sum_{i=1}^{n}P_i\ln P_i=H_{\text{begin}}$。

当SaaS数据演化行为发生时，因为演化行为发生包括的情形非常多，如新SaaS数据单元增加、环境发生变化、时间推移引起的变化等，此时，新的系统S'产生，每一个SaaS数据单元针对属性h_i的概率分布都可能发生变化，记为$P_i'(i=1,2,\cdots,n)$，此时信息熵为

$$H_{S'}=H(P_1',P_2',\cdots,P_n')=-k\sum_{i=1}^{n}P_i'\ln P_i'=H_{\text{end}}$$

得出SaaS数据演化的信息熵值为

$$\Delta H=H_{\text{begin}}-H_{\text{end}}=H_S-H_{S'}$$

以上是一个理想化的涌现性信息熵求解过程，但现实中往往会因为过程简化导致问题空间的解空间存在较大差距，因此，需要进一步进行深入研究。

8.4.3　演化过程中的误差校正

对于信息熵值的度量最关键的是要保持系统在同一研究层次上。但由于 SaaS 数据的层次复杂性，往往无法将问题保持在同一个层次上，所以必须考虑因为系统层次划分问题引入的误差，并进行合理校正，从而得出更接近真实的信息熵。具体包括：演化过程中 SaaS 数据单元变化引起的误差；由于系统观察层次的偏差引起的误差。对两种情况分别处理，对于前者可用每一个 SaaS 数据单元 $\mathrm{NDU}_i (i=1,2,\cdots,n)$ 的比例系数 k 进行优化处理，即重新调整比例系数，系数能适应变化后的网络数据单元。对于后者，可从宏观层面进行统一校正：

$$\Delta H_{\text{adjust}} = \Delta H - H_{\text{level}}$$

因此，采用以上两种方法去除微观演化和不同层次对信息熵值的影响，得出真实的系统信息熵值。

8.4.4　多个涌现性特征的信息熵

SaaS 数据演化涌现性特征通常不止一个，如结构涌现性特征、行为涌现性特征和语义涌现性特征等，上述信息熵的计算方法适合于任何一种涌现性特征，但能否将各个特征的信息熵值加到一起得到一个系统总熵呢？显然，因为不同涌现性特征所代表的意义和取值范围可能完全不同，这种做法是隐藏了或者平均了特征的信息熵。为了描述这一特点，同时不破坏单个特征的信息熵含义，采用向量的方式进行扩展描述。SaaS 数据演化涌现性的信息熵可以用一个向量表示，即 $\boldsymbol{H}(h_1,h_2,\cdots,h_n)$，其中，$h_i (i=1,2,\cdots,n)$ 表示第 i 个涌现性特征的信息熵值。本章主要讨论单个涌现性特征的问题，多个涌现性特征的信息熵问题在具体应用中进行实际处理。

8.4.5　信息熵的参数求解

求出每一个 SaaS 数据演化涌现性特征的信息熵，关键是求出 SaaS 数据在某一时刻的相应事件产生的频率，即发生概率，根据概率求出信息熵。由于事先并不知道 SaaS 数据中相应事件符合哪一种概率分布，所以只能用非参数概率密度估计的方法，而这种方法很多，可根据实际情况选择。例如，假设变量 x 的样本为 $(x_1,x_2,x_3,\cdots,x_n)$，那么对于变量 x 的密度估计为

$$P_n(x) = \frac{k_n / n}{V_n}$$

其中，k_n 为样本数量，且

$$k_n = \sum_{i=1}^{n} \varphi\left(\frac{x - x_i}{h_n}\right)$$

$\varphi(t)$ 的选取可以是方窗函数、状态分布函数和指数窗函数。

8.5　本 章 小 结

本章给出渐进式演化方法使 SaaS 软件能在线演化到新版本，尽量不影响用户体验效果，演化过程中性能下降或服务中断等问题得到了有效解决。为 SaaS 数据层演化提供了一种切实可行的理论方法。SaaS 数据演化的涌现性是从随机性和不确定性出发，从微观层面到宏观层面解决问题，并通过基于信息熵的度量方法使演化过程在一定程度上可以被驾驭。

第 9 章　原型系统和案例分析

在动态变化的 Web 环境下，需求、流程和服务的演化是 SaaS 服务生命周期中不可或缺的环节，也是使服务与外部环境和用户需求相适应的基本方法。由于 SaaS 服务演化是一个复杂的过程，其中涉及大量的逻辑分析和计算，所以在面对大规模 SaaS 服务时，完全由管理员完成演化工作是不现实的，需要机器辅助完成，实现辅助工具原型系统将非常有意义。

本章通过两个案例的分析和应用说明本书研究内容和方法的实用性和可行性。选取的案例分别是在面向企业的 SaaS 服务领域具有代表性的 CRM SaaS 和 SaaS 接口服务的典型代表政务目录服务系统。

9.1　AEPS 介绍

9.1.1　概述

本章以第 4 章的 SaaS 服务演化框架为总体架构和实现思路，以需求驱动下的流程和服务演化理论为基础支撑，实现 SaaS 服务演化辅助平台(aided evolution platform for SaaS，AEPS)。AEPS 平台的设计与开发是为了辅助管理员和租户完成演化任务。AEPS 平台的设计目标是，从演化需求分析开始，对需求进行描述和冲突检查，驱动流程和服务的演化，辅助管理员和租户快速完成演化任务，并获得良好的用户体验效果。

9.1.2　系统框架

从实际应用的角度来看，AEPS 平台主要在 SaaS 服务演化生命周期中的执行阶段使用，即在假设 SaaS 服务已经运行良好、稳定和规范的前提下，由管理员和租户对外部环境和服务运行情况进行持续监控，在需要对 SaaS 服务进行改变时使用该平台，对 SaaS 服务进行演化，使服务能够快速响应外部变化。为了复用现有语义 Web 工具和开发套件，AEPS 平台基于现有成熟的开发环境和工具实现。根据软件的工作层面不同，可以将系统中的主要组件划分为两部分：演化运行环境和演化辅助工具。平台框架如图 9.1 所示。

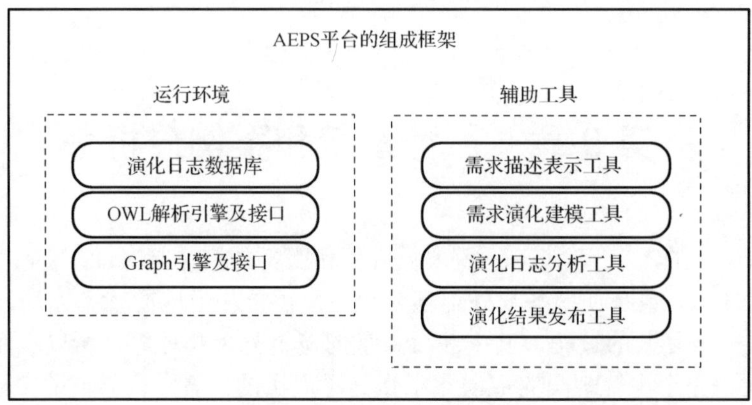

图 9.1　AEPS 平台框架图

1. 运行环境

运行环境是 AEPS 平台的后台构件集，为 SaaS 服务演化中的各项任务提供基础支持。在系统的组成上，运行环境包括平台基础构件和基础设施，前者包含了平台工具运行所必须具备的核心构件，如 OWL 解析引擎及接口、Graph 引擎等；后者则是平台工具运行过程中的基本构件，包括演化日志数据库等。

2. 辅助工具

辅助工具为 SaaS 服务演化过程中的关键步骤提供辅助支持，工具集中所包含的工具与 AEPS 平台中的演化过程相对应。使用 SaaS 服务需求描述图形化表示工具，管理员能够使用图形化界面了解 SaaS 的过程模型、服务概貌和服务访问基础；使用 SaaS 服务演化需求建模工具，管理员能够采用图形化方式创建其演化需求；通过演化日志分析工具，管理员能够对演化日志库进行语义查询，分析 SaaS 服务的演化过程；通过 SaaS 服务演化结果发布工具，管理员能够向不同类型的用户发布组合服务演化流程，使演化结果能够快速地进行传播。

9.1.3　技术开发环境

开发平台：Windows 平台。

开发技术架构：J2EE+Tomcat 技术架构(使用 Java 语言实现业务逻辑部分，JSP 实现用户界面)。

数据库：My SQL 数据库管理软件。

开发工具：采用 Eclipse 开发工具软件，应用服务器使用 Tomcat 5.0。

其他辅助工具：Visio 图形工具、Rational Rose 建模工具等。

9.2 运行环境

辅助平台运行环境包括基础构件和基础支撑两部分，基础构件提供系统的基础功能，基础支撑则是支撑服务演化的基础环境。在 AEPS 平台中，运行环境所包含的构件均在后台提供服务，因此不具备图形界面。这些构件为平台实现和运行提供了基础支撑，是平台的核心部件。

9.2.1 演化日志数据库

在 SaaS 服务演化过程中，演化日志具有非常重要的作用。首先，演化日志对 SaaS 服务演化中的变化过程进行严格记录，管理员能够通过演化日志分析工具对演化日志进行查询工作；其次，演化日志是演化进行到任意阶段对操作进行回滚的基础；另外，在演化成功后，演化日志也是使外部人员了解 SaaS 变化情况的数据来源。在 AEPS 平台中，演化日志数据库用于集中存放不同 SaaS 服务演化过程中所产生的日志记录，它以演化基本语法为基础，为演化日志分析工具和演化结果发布工具中的日志查询提供支持。因此，演化日志数据库的实现并不复杂，主要通过设置记录字段，在演化过程中完成数据的记录，实现的具体过程在此不作详细描述。

9.2.2 OWL 解析引擎及接口

在 AEPS 平台中，OWL 解析引擎及接口的作用在于对 SaaS 服务需求描述、需求演化、演化请求脚本和演化日志的解析和修改提供支持，是整个 SaaS 服务演化实现过程中的基础支撑构件。本书所采用的 OWL 解析引擎及接口是来源于英国曼彻斯特大学的开源语义 Web 项目[69]成果，这与常见的 OWL 解析引擎 Jena[70]和 Wonder Web API[71]完全不同。在该项目成果中，OWL 被认为是一系列公理的集合，所有的查询均被看作对公理的查询，对 OWL 语法的修改被看作公理的添加和删除，并已经给出了对应的操作接口函数。因此，在 AEPS 平台中，演化需求采用 OWL 描述，同时演化请求脚本和演化日志实际上是演化的知识库，因此可以使用该接口实现完全的解析与修改。另外，本书中 SaaS 服务需求描述采用 OWL-S 表示，而 OWL-S 以 OWL 为基础，因此采用 OWL API 也能够对服务描述进行解析和修改。在 AEPS 平台中，OWL 本体解析引擎及接口的使用贯穿于所有辅助工具的实现，如演化需求建模、演化日志查询等，是非常重要和核心的运行环境。

9.2.3 Graph 引擎及接口

实现 AEPS 平台的图形化功能可使用开源的图形可视化软件，可以通过绘图脚本方便地绘制结构化图形符号，这样的工具如 GraphViz[72]，能够自定义图形符号的形状和编辑说明文字，结构复杂时，还能够根据图形符号间的关联自动进行排列。在 AEPS 平台中，图形引擎及接口的作用主要体现在两方面。

(1)在 SaaS 服务需求描述图形化表示工具中，使用该引擎及接口对服务演化模型中的过程、控制结构和数据流进行可视化表示，并按照层次关系对过程模型整体进行图形化表示，增加描述的直观性。

(2)在日志分析和结果发布工具中，使用图形引擎和接口对图形和表格进行可视化表示。

9.3 辅 助 工 具

SaaS 演化辅助工具集能够支持管理员对 SaaS 需求、流程、服务描述进行表示、修改及演化结果发布等任务，是 AEPS 平台中直接面向管理员的核心功能集合。

9.3.1 演化需求描述图形化表示工具

对于复杂的 SaaS 服务系统而言，其需求描述通常会比较复杂，这时用 XML 描述的 OWL-S 文档对需求描述，不容易阅读，也难以对 SaaS 服务进行进一步修改。在 AEPS 平台中，服务描述图形化表示工具的基本作用就在于将 SaaS 服务描述进行可视化表示，使管理员能够直观地把握 SaaS 的服务概貌、服务过程和服务访问基础，从而更加容易地生成演化需求，并对 SaaS 进行修改。在 AEPS 平台中，服务描述图形化表示工具主要包括 SaaS 演化需求获取、演化需求形式化描述和演化结果确认等，如图 9.2 所示。

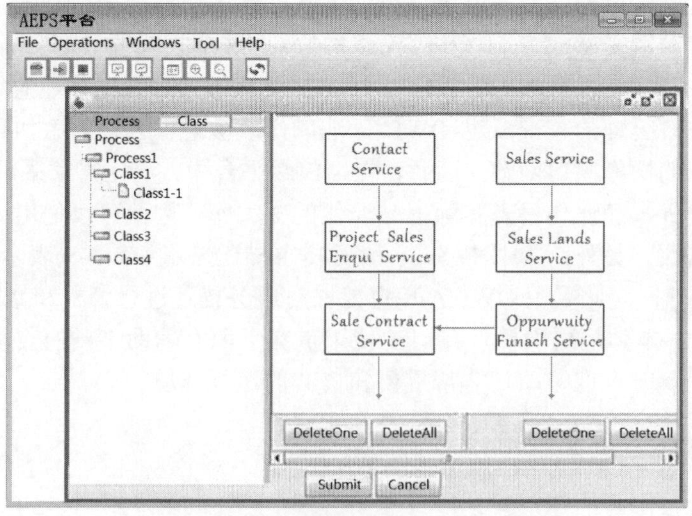

图 9.2　演化需求描述图形化表示工具截图

具体而言，需求演化描述图形化表示工具的功能包括：①解析 OWL-S 服务描述；②用列表形式来表示服务的概貌和服务的访问情况；③采用流程结构图形化表示服务流程；④通过图形化操作生成演化需求请求文档。

工具实现原理：以 Graph 引擎和 OWL 解析引擎为基础，Java 程序通过 API 调用实现可视化的语法解析功能。Java 程序通过调用 FaCTpp-OWLAPI-3[1].4-v1.6.1.jar 和 uk[1].ac.manchester.cs.owl.factplusplus-P4.1-v1.6.1.jar 包来实现引擎的应用。

9.3.2　演化需求建模工具

在 AEPS 平台中，对演化需求进行形式化建模是 SaaS 服务演化过程中将问题域内非形式化的演化需求转化为机器可理解、可处理形式的主要步骤，AEPS 平台中的 SaaS 演化需求建模工具主要与该阶段相对应。演化需求建模工具的主要功能如下。

(1) 自动调用演化引擎及接口服务，并解析 OWL-S 服务描述，辅助管理员创建和编辑演化操作。

(2) 按照服务需求的不同，分列创建和编辑演化操作，以可视化方式创建和编辑演化请求。

(3) 支持 XML 形式演化请求文档的导出和导入。

尽管服务演化需求来源于多个阶段，但在平台的实现中，演化需求建模工具是独立的，并不与其他工具直接关联，该工具与其他工具交互的形式是 XML 表示的演化需求规约文档，如图 9.3 所示。

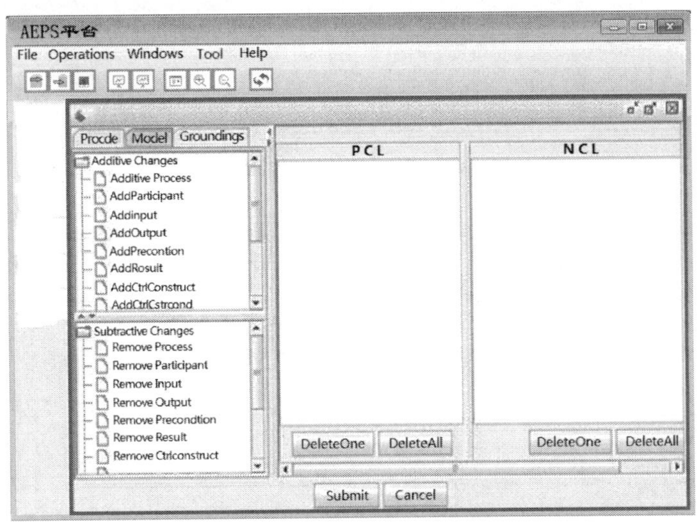

图 9.3　演化需求建模工具截图

工具实现原理：Java 程序通过调用 OWL 解析引擎及 API 实现对演化需求规约文档的解析，并通过业务逻辑模块实现冲突的检测。检测原理参看第 5 章，程序中的 PCL 表示演化操作集合列表，NCL 表示约束集合列表。

9.3.3 演化日志分析工具

对于 SaaS 服务演化而言，对需求描述修改过程的行为、动作进行记录具有非常重要的作用，如演化流程检测、结果发布和回滚等。在 AEPS 平台中，演化日志分析工具的主要作用在于为管理员提供多种方式来查询演化日志库，监控和管理 SaaS 服务演化的状态。同时，管理员在查询到特定的变化操作后，可以在该工具的辅助下生成该变化操作的回滚变化操作集，从而能够支持管理员实现特定变化操作的撤销任务。因此，演化日志分析工具在演化结果部署中也可以得到应用。需要说明的是，变化操作回滚是一项比较复杂的任务，该工具反馈的变化操作集在准确性上还需要进一步研究，最终所采用的变化操作集还需要管理员手动结合才能使用。如图 9.4 所示。

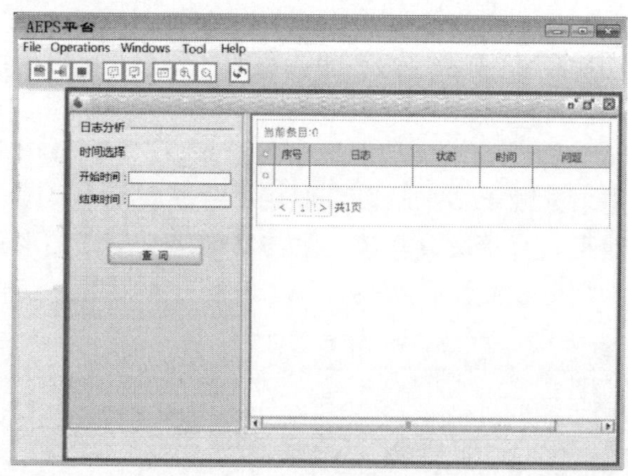

图 9.4 演化日志分析工具截图

工具实现原理：日志工具基于日志数据库，用 Java 程序实现日志的记录、操作和存储等业务逻辑，并实现日志查询、分析等应用功能。

9.4 客户关系管理 SaaS 服务系统案例分析

9.4.1 系统介绍

客户关系管理(customer relationship management，CRM)系统是利用计算机技术，实现企业市场营销、销售、服务等活动的自动化，是企业为了高效地为客户提供高质量的服务，以提高客户的满意度、忠诚度为目的的一种管理经营手段。以客户为中心的管理理念是CRM系统设计和实施的基础。客户关系管理 SaaS 服务系统(CRM SaaS)是一种典型的企业日常管理软件，是以 SaaS 服务的方式实现传统的企业客户关系管理功能，为企业租户提供在线服务。CRM SaaS 是对传统 CRM 开发模式、交互模式和运营模式的变革。

通用的 CRM SaaS 将面向电信、金融、零售、教育、政府等不同行业提供服务，不同行业的租户对服务的需求有很大区别，需求变更的方向也不同，系统会面临更复杂的服务演化问题。同时，CRM SaaS 除了具有 SaaS 系统的一般特性以外，“单实例，多租户”特性表现得非常明显，多租户体验的要求也非常高。因此，本书以具有代表性的 CRM SaaS 为案例研究需求驱动下的 SaaS 服务演化问题，以验证本书研究理论的合理性和可行性。本案例中的服务主要是指系统可见功能。下面是该系统的流程图(图 9.5)和服务图(图 9.6)。

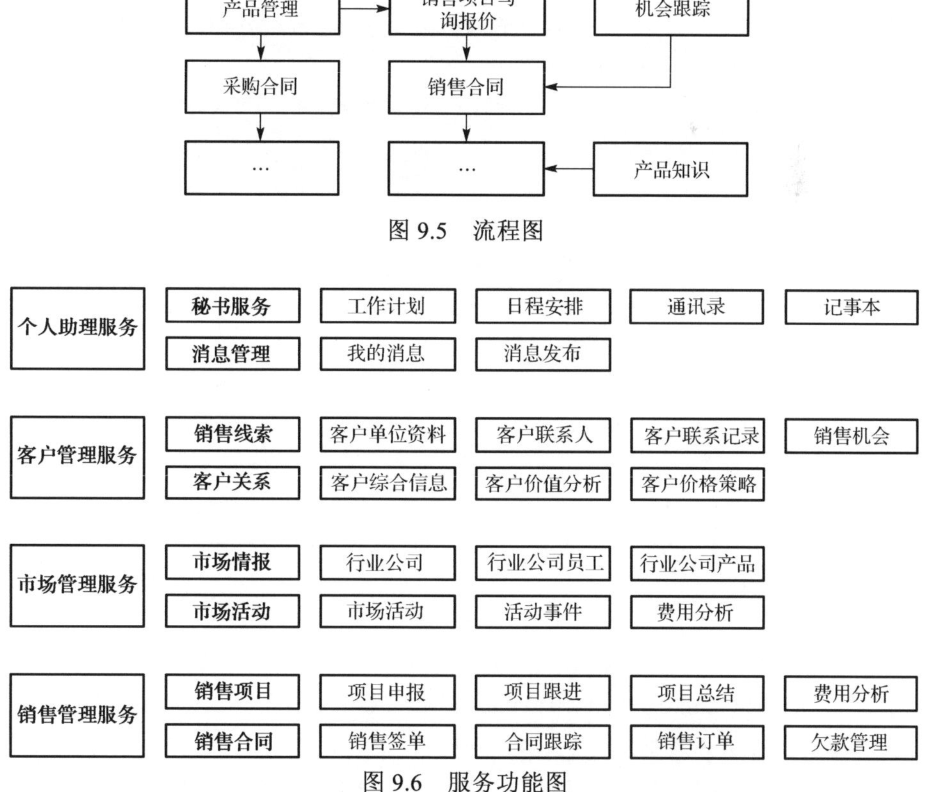

图 9.5　流程图

图 9.6　服务功能图

9.4.2 服务需求演化

1. 需求情境

医药销售行业的租户在使用该系统 SaaS 服务的过程中，由于业务发生变化，提出如下演化需求。

客户管理服务由客户单位资料、客户联系人、客户联系记录、销售机会、客户综合信息、客户价值分析、客户价值策略等子服务组成。由于客户管理服务与销售服务没有直接关联，仅仅在进行客户价值分析时才调用销售信息，使客户在销售业务过程中的重要程度发生变化后，没有及时反映在管理工作中，最终导致销售机会丧失。需要增加客户销售情况的子服务，该服务用于将客户在发生销售业务后的重要性变化情况及时反映到管理过程中。

2. 服务描述

CRM SaaS 服务系统的服务描述代码片段如下：

```
〈owl:Class rdf:ID="CRM SaaS Functional Requirements1"〉
    〈rdfs:label〉Personal assistant services〈/rdfs:label〉
    <!--描述个人助理服务-->
    〈rdfs:ClassOf rdf:resource="&swrl;#Variable"/〉
    〈rdfs:comment〉Personalassistantservices functional〈/rdfs:comment〉
〈/owl:Class〉
    〈owl:subClass property rdf:ID="Subfunctional Requirements1"〉
    <!--描述一个 SaaS 子功能：秘书服务-->
    〈rdfs:domain rdf:resource="Secretarial services"/〉
    〈rdfs:comment〉Secretarial services〈/rdfs:comment〉
〈/owl:subClass property〉
    〈owl:subClass property rdf:ID="Subfunctional Requirements2"〉
    <!--描述一个 SaaS 子功能：消息服务-->
    〈rdfs:domain rdf:resource="Message services"/〉
    〈rdfs:comment〉Message service〈/rdfs:comment〉
〈/owl:subClass property〉

〈owl: Class rdf:ID="CRM SaaS Functional Requirements2"〉
    〈rdfs:label〉Customer Management Service〈/rdfs:label〉
    <!–客户管理服务-->
    〈rdfs:ClassOf rdf:resource="&swrl;#Variable"/〉
```

```
    〈rdfs:comment〉 Customer Management Service functional 〈/rdfs:comment〉
〈/owl:Class〉
    〈owl:subClass property rdf:ID="Subfunctional Requirements1"〉
   <!--销售线索服务-->
        〈rdfs:domain rdf:resource="Sales leads services"/〉
        〈rdfs:comment〉 Sales Leads Services Functions 〈/rdfs:comment〉
    〈/owl:subClass property〉
    〈owl:subClass property rdf:ID="Subfunctional Requirements2"〉
   <!--客户关系服务-->
        〈rdfs:domain rdf:resource="Customer service"/〉
        〈rdfs:comment〉 Customer service 〈/rdfs:comment〉
    〈/owl:subClass property〉
…
    〈owl: DynamicClass rdf:ID="Customer Nonfunctionalrequirements"〉
    〈rdfs:label〉 Customer Nonfunctional requirements
    name 〈/rdfs:label〉 <!--服务的非功能需求-->
    〈rdfs:ClassOf rdf:resource="Access efficiency"/〉
   <!—访问效率-->
        〈rdfs:D_max〉 0.1m 〈/rdfs:D_max〉
        〈rdfs:D_min〉 3m 〈/rdfs:D_min〉
        〈rdfs:D_avg〉 1.5m 〈/rdfs:D_avg〉
    〈/owl:DynamicClass〉
…
```

3. 服务需求演化请求

租户需要增加客户销售情况的子服务 Sales Change Service，该服务用于将客户在发生销售业务后的重要性变化情况及时反映到管理过程中。

服务需求演化请求 Q 的演化请求操作集合 REL={AddService(Sales Change Service)，AddChannel(thread-customer)}；演化约束集合 CEL={ }；P 表示演化初始位置标识；演化顺序数组 O={1}。

显然，服务需求演化请求不存在冲突问题。

9.4.3 服务流程演化

下面给出与服务流程块相关的描述。

SB =(S，FS，FC，I，O)；

S ={Sales Service，Sales Leads Service，Opportunity Tracking Service，Contact Service，Project Sales Enquiry Service，Sale Contract Service}；

FS =({1，Function，Ø，PreAction，NextActoin，0}，{(SaleMessage，data，1)，(ContactMessage，text，1)}，{ }，{})；

FC =({3，CRMSaaSProcess，1.0，0}，{<Action1，status1>，<Action2，status2>，…})；

I = Sales Service；

O = Sale Contract Service。

服务流程块 Pi 演算定义为

$$\begin{aligned}&\mathrm{SB_1(IChannel, OChannel, PreAction, NextActoin)}\\&=\mathrm{IChannel}\cdot(\vee\mathrm{ContactMessage})(\overline{\mathrm{PreAction}}<\mathrm{SaleMessage, ContactMessage}>\\&\cdot\mathrm{ContactMessage(yTemp)})\cdot(\vee\mathrm{zTemp})(\overline{\mathrm{rTemp}}<\mathrm{yTemp, zTemp}>\cdot\mathrm{z(oTemp)})\\&\cdot\overline{\mathrm{NextActoin}}<\mathrm{oTemp}\cdot\overline{\mathrm{OChannel}}\end{aligned}$$

同理可以描述 SB_2 和 SB_3。由该服务系统业务流程可以得到，SaaS 服务流程块 SB_1 和 SB_2 是顺序组合关系，该组合结果和 SB_3 是并行关系，描述如下：

$$\begin{aligned}&\mathrm{SB_{seq1,2}(IChannel, JChannel, SB_1, SB_2)}=\mathrm{IChannel}\cdot(\vee\mathrm{xTemp})\\&(\vee\mathrm{yTemp})(\vee\mathrm{OChannel}, a_2)(\mathrm{SB_1(IChannel, OChannel, PreAction,}\\&\mathrm{NextActoin)})\,|\,\mathrm{SB_2}(\cdots)\end{aligned}$$

$$\begin{aligned}&\mathrm{SB_{par3,sqe1,2\_or}(IChannel, JChannel}, i_n, j_n, \mathrm{SB_{seq1,2}, SB_3, CTemp)}\\&=\mathrm{IChannel}\cdot((\vee a_1, a_2)(\vee\mathrm{CTemp})((\vee\mathrm{xTemp}\ ,\mathrm{yTemp})\overline{b}\\&<\mathrm{cTemp, xTemp(yTemp)}\cdot([\mathrm{yTemp}=\mathrm{True}](\overline{\mathrm{IChannel}}\,|\,\mathrm{SB_1(IChannel,}\\&\mathrm{OChannel, PreAction, NextActoin)}))\,|\cdots)(j_1+j_2+\cdots+j_n)\cdot j')\end{aligned}$$

$$\begin{aligned}&\mathrm{SB_{par3,sqe1,2\_and}(IChannel, JChannel}, i_n, j_n, \mathrm{SB_{seq1,2}, SB_3, CTemp)}\\&=\mathrm{IChannel}\cdot((\vee a_1, a_2)(\vee\mathrm{cTemp})((\vee\mathrm{xTemp}\ ,\mathrm{yTemp})\overline{\mathrm{b}}<\mathrm{cTemp, xTemp(yTemp)}\cdot\\&([\mathrm{yTemp}=\mathrm{True}](\overline{\mathrm{IChannel}}\,|\,\mathrm{SB_{seq1,2}}))\,|\cdots)(j_1\,|\,j_2\,|\cdots|\,j_n)\cdot j')\end{aligned}$$

9.4.4 服务演化

CRM SaaS 中的服务主要是指功能服务。根据服务需求演化请求 Q 的描述，服务演化主要涉及服务 Sales Change Service 的插入演化和通道 thread-customer 的插入演化。插入增量演化是最基本的服务演化模型，分为顺序插入增量演化和并行插入增量演化。根据服务流程可知，两个插入演化都为顺序插入增量演化，如图 9.7 所示。

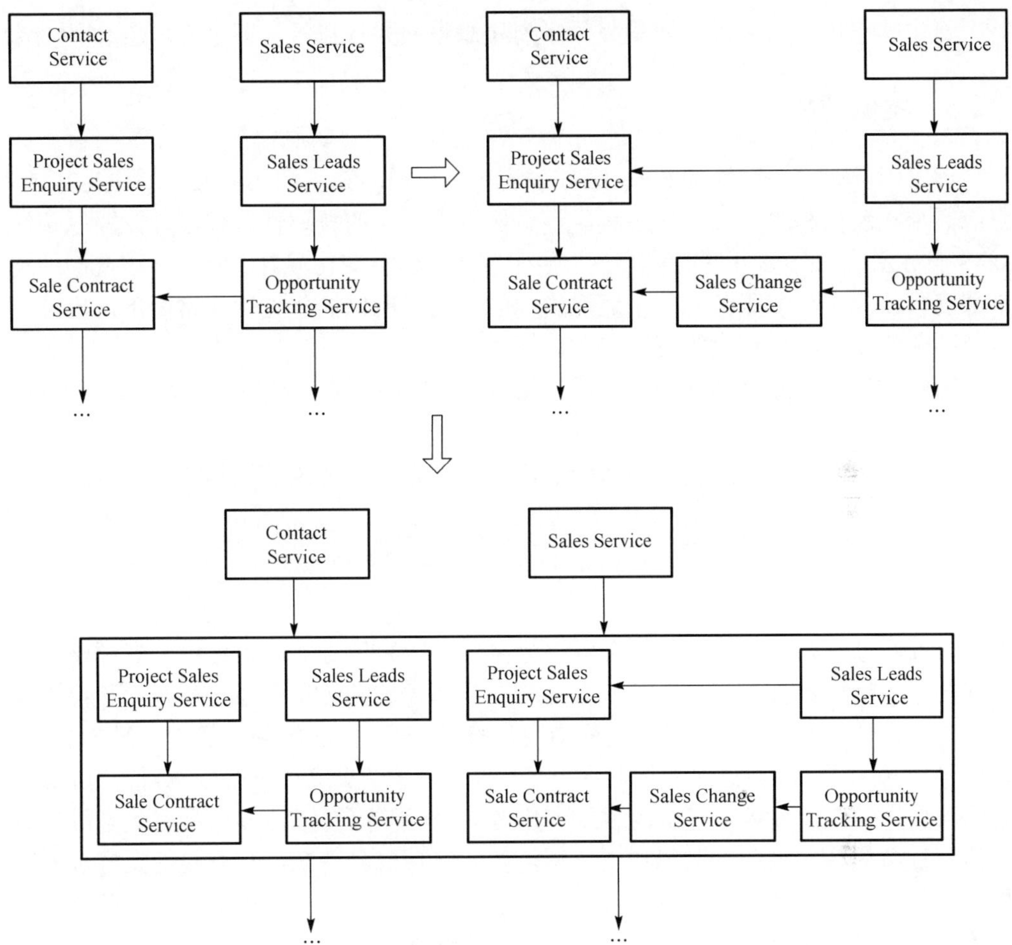

图 9.7　服务演化图

演化前的服务序列 S_i 为

$$\overline{z}<u>\cdot(\overline{x}<m>\cdot\text{Sales Leads Service}\circ S_i\cdot x(m)\cdot\text{Opportunity Tracking Service}$$
$$\circ S_i)\cdot z(u)\cdot(\overline{y}<n>\cdot\text{Project Sales Enquiry Service}\circ S_i\cdot y(n)\cdot$$
$$\text{Sale Contract Service}\circ S_i)$$

演化后的服务序列 S_j 为

$$\overline{z}<u>\cdot((\overline{x}<m>\cdot\text{Sales Leads Service}\circ S_i\cdot x(m)\cdot\text{Opportunity Tracking Service}$$
$$\circ S_i)\,|\,(\overline{\text{thread-customer}}<m>\cdot\text{Sales Leads Service}\circ S_i\cdot\text{thread-customer}(m)\cdot$$
$$\text{Project Sales Enquiry Service}\circ S_i))\cdot z(u)\cdot\text{Sales Change Service}\circ S_i\cdot\overline{w}<v>$$
$$\cdot(\overline{y}<n>\cdot\text{Project Sales Enquiry Service}\circ S_i\cdot$$
$$y(n)\cdot\text{Sale Contract Service}\circ S_i)\cdot w(v)$$

演化操作执行结束后，增量服务序列和原序列并行执行，即 $S = S_i | S_j$。

9.4.5 案例评析

该案例以客户关系管理 SaaS 服务系统在多租户环境下的功能服务演化为基础，完成需求、流程和服务的演化过程。该案例具有一定的普遍性和代表性，即以传统 SaaS 服务系统的外部可见功能服务为原子服务，解决演化问题。但由于该案例的需求情境只涉及了一个服务和一个通道增加的问题，所以演化过程非常简单，也没有涉及冲突、复合、一致性等复杂问题。

因此，该案例说明了本书研究的需求驱动下的 SaaS 服务演化方法是可行和实用的。

9.5 政务信息资源目录服务系统案例分析

9.5.1 系统介绍

政务信息资源目录是按照信息资源分类体系或其他方式对政务信息资源核心元数据的有序排列。政务信息资源核心元数据是描述政务信息资源各种属性和特征数据的基本集合，包括政务信息资源的内容信息(如摘要、分类等)、管理信息(如负责单位等)、获取方式信息(如在线获取方式、离线获取方式等)。通过政务信息资源核心元数据的描述，政务信息资源目录使用者(以下简称使用者)能够准确地了解和掌握信息资源的基本概况，发现和定位所需要的政务信息资源。在查找信息资源的过程中，从不同的角度来看，使用者对政务信息资源的分类方式也会不同。因此，相同的政务信息资源核心元数据按照不同的分类标准或者分类方式排列，在表现上形成了不同的目录树结构，但是从目录树所展现的内容上来讲，都是描述政务信息资源的核心元数据。

政务资源目录体系是目录信息与服务、保障与支撑组成的一个总体，参与的角色包括使用者、提供者、管理者。目录信息与服务指基于政务信息资源核心元数据的能够提供人机接口查询界面的各种浏览器和胖客户端应用，同时包括提供计算机系统之间通信的元数据查询服务接口。保障和支撑主要分为两方面的内容：一是在软环境方面，分为安全保障和标准与管理，安全保障指为保证政务信息资源共享和交换安全相关的技术要求、技术标准、法规等；标准与管理的核心是为建立政务信息资源目录体系而必须遵循的相关技术标准，如目录体系技术要求、核心元数据、分类、唯一标识符、技术管理要求等相关标准。建设政务信息资源目录体系需要在相关标准的规范和指引下，整合利用政务信息资源目录体系相关的工具软件、中间件、应用系统等技术平台，建立面向特定主题领域的信息资源目录，并按照具体政务信息资源对象的不同以及粒度上的区别，采用不同的应用模式进行建设。系统框架如图 9.8 所示。

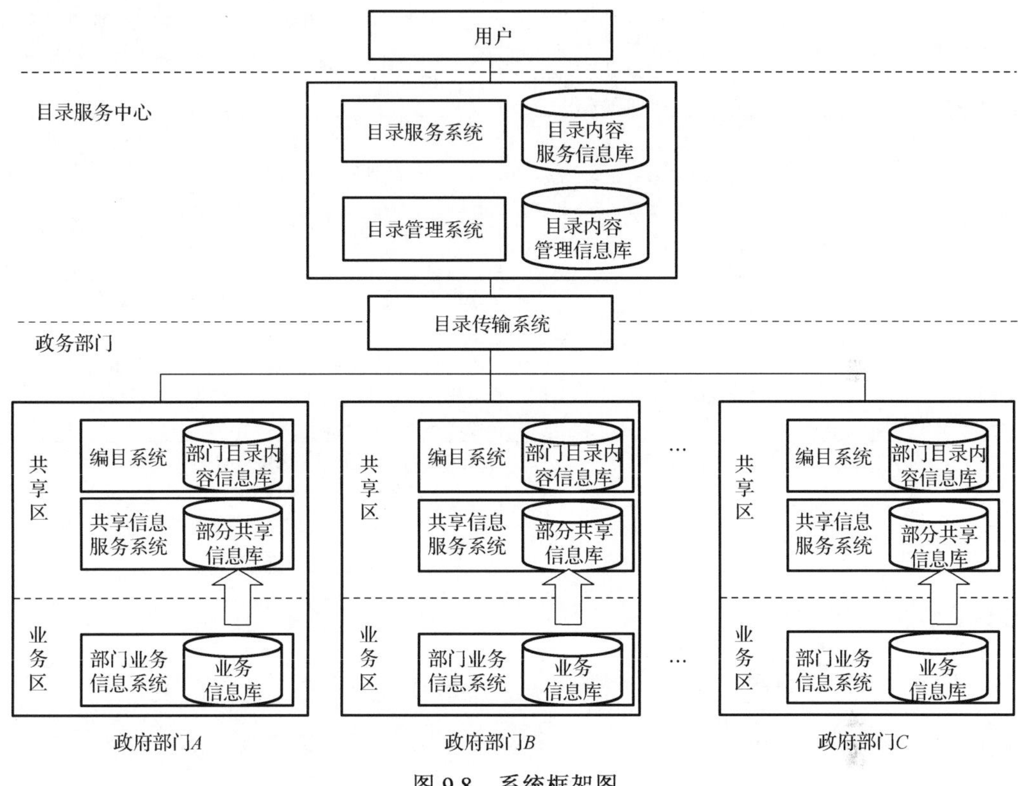

图 9.8 系统框架图

政务信息资源目录服务系统涉及许多功能、服务和内容。为简化案例难度，本书主要考虑系统提供的两类服务内容，一类是为数不多的功能服务；另一类是占主要部分的目录接口服务。主要服务列表如表 9.1 所示。

表 9.1 主要服务列表

类型	服务名称	子服务	服务描述
功能服务	编目服务	编目对象确定 元数据赋值 标识符管理 标准符合性检查 资源分类	基于核心元数据标准开发的元数据生成工具，从不同形态的政务信息资源中抽取出元数据，生成目录
	报送服务	目录内容传送 建立传输通道 目录内容回退	政务目录体系利用电子政务专网实现元数据报送。目录报送系统的功能主要将各部门目录内容报送到所对应的目录服务中心

续表

类型	服务名称	子服务	服务描述
功能服务	管理服务	目录审核 目录维护 目录服务地址 目录监控	目录管理系统包括数据互访平台、目录数据管理平台、系统管理平台。通过各平台实现对目录数据服务的集中管理
	目录服务	目录内容发布 目录内容查询	发布系统通过发布与查询服务器依据资源分类标准将元数据发布到政务目录中心网站，供使用者浏览、查询
接口服务	资源生成接口服务	—	从各部门业务信息资源中生成本部门用于共享的信息资源
	内容发布接口服务	—	提供基于统一的电子政务网络的共享信息资源发布系统，发布共享信息资源
	目录访问接口服务	—	提供共享信息资源访问服务，用户可以浏览、查询、下载共享信息，并且基于统一的电子政务网络进行政务信息资源共享
	内容查询接口服务	—	按照政务信息资源目录体系的基本技术要求和目录服务接口要求发布目录内容，提供目录服务接口
	目录查询接口服务	—	基于目录服务接口向用户提供人机交互界面，按照多种查询方式进行目录内容查询

9.5.2 服务需求演化

政务信息资源目录服务系统的服务描述代码片段如下：

```
〈owl:Class rdf:ID="Government Information Resource Catalog Requirements1"〉
    〈rdfs:label〉 Catalog services 〈/rdfs:label〉
    <!--描述编目服务-->
    〈rdfs:ClassOf rdf:resource="&swrl;#Variable"/〉
    〈rdfs:comment〉 Catalog services functional 〈/rdfs:comment〉
    〈/owl:Class〉
〈owl:sub Class property rdf:ID="Subfunctional Requirements1"〉
<!--描述一个 SaaS 子功能：编目对象确定-->
    〈rdfs:domain rdf:resource="Cataloged object to determine"/〉
    〈rdfs:comment〉 Cataloged object to determine services function
        〈/rdfs:comment〉
〈/owl:subClass property〉
    〈owl:sub Class property rdf:ID="Subfunctional Requirements2"〉
    <!--描述一个 SaaS 子功能：元数据赋值服务-->
    〈rdfs:domain rdf:resource="Metadata assignment"/〉
    〈rdfs:comment〉 Metadata assignment Services 〈/rdfs:comment〉
〈/owl:subClass property〉
```

```
…
〈owl:Class rdf:ID="Government Information Resource Catalog
    Requirements2"〉
    〈rdfs:label〉 Submitted to the Service 〈/rdfs:label〉
    <!—目录报送服务-->
    〈rdfs:ClassOf rdf:resource="&swrl;#Variable"/〉
    〈rdfs:comment〉 Submitted to the Service functional 〈/rdfs:comment〉
〈/owl:Class〉
〈owl:subClass property rdf:ID="Subfunctional Requirements1"〉
<!--目录内容传送服务-->
    〈rdfs:domain rdf:resource="Catalog content delivery services"/〉
    〈rdfs:comment〉 Catalog content delivery Services Functions
        〈/rdfs:comment〉
〈/owl:subClass property〉
〈owl:subClass property rdf:ID="Subfunctional Requirements2"〉
<!--建立传输通道服务-->
    〈rdfs:domain rdf:resource="Establishment of the transmission
        channel service"/〉
    〈rdfs:comment〉 The establishment of the transmission channel
        service 〈/rdfs:comment〉
〈/owl:subClass property〉
…
//process:CompositeProcess[@rdf:ID="The content query interface
    service"]//Process:perform [@rdf:ID="Step1"]
//process:CompositeProcess[@rdf:ID="The content query interface
    service"]//Process:hsaInput [@rdf:ID="1"]
<swrl:Variablerdf:ID="ThePointcutPerformed">
<rdfs:comment>
<!--演化的内容与演化点的关系内容描述-->
</rdfs:comment>
</swrl:Variable>
```

9.5.3 服务流程演化

图 9.9 所示的服务流程图包括部分功能流程和接口服务流程。若两个流程都面临演化需求，建立通道后无论是发送还是接收目录，都需要一个结果(或完成)服务使流程可以继续执行。此外，内容查询接口服务和目录查询接口服务都是供系统调用的服务，因此完全可以只提供一个服务，然后根据需要进行分类，即目录查询类和内容查询类，可提高系统效率。

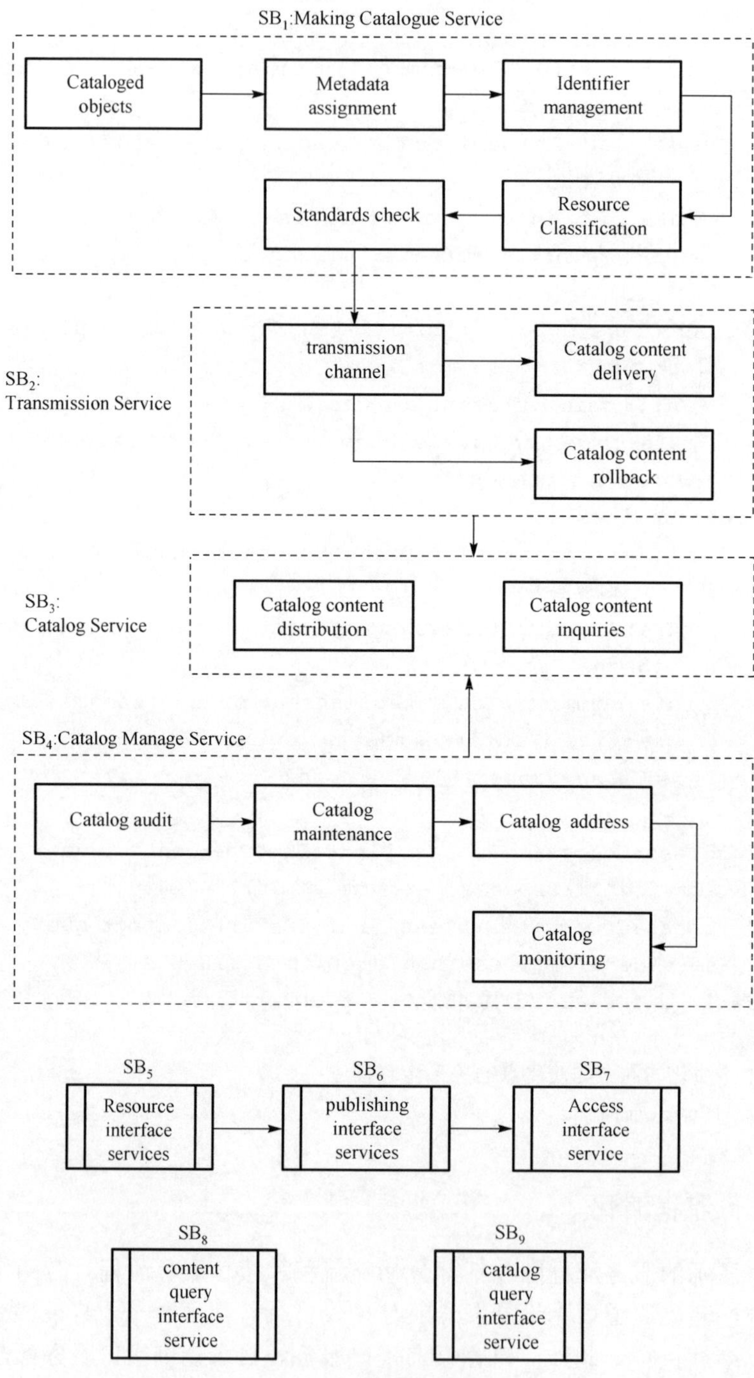
SB1:Making Catalogue Service
Cataloged objects
Metadata assignment
Identifier management
Standards check
Resource Classification
transmission channel
Catalog content delivery
SB2: Transmission Service
Catalog content rollback
SB3: Catalog Service
Catalog content distribution
Catalog content inquiries
SB4:Catalog Manage Service
Catalog audit
Catalog maintenance
Catalog address
Catalog monitoring
SB5
Resource interface services
SB6
publishing interface services
SB7
Access interface service
SB8
content query interface service
SB9
catalog query interface service

图 9.9　服务流程图

$$\mathrm{SB}_1(\mathrm{IChannel},\mathrm{OChannel},\mathrm{PreAction},\mathrm{Transmission\ Service})$$
$$=\mathrm{IChannel}\cdot(\vee\mathrm{CatalogueMessage})(\overline{\mathrm{PreAction}}<\mathrm{Catalogobjects},$$
$$\mathrm{CatalogueMessage}>\cdot\mathrm{CatalogueMessage}(\mathrm{yTemp}))\cdot(\vee\mathrm{zTemp})$$
$$(\overline{\mathrm{rTemp}}<\mathrm{yTemp},\mathrm{zTemp}>\cdot\mathrm{z}(\mathrm{oTemp}))$$
$$\cdot\overline{\mathrm{Transmission\ Service}}<\mathrm{oTemp}\cdot\overline{\mathrm{OChannel}}>$$

$$\mathrm{SB}_2(\mathrm{IChannel},\mathrm{OChannel},\mathrm{Making\ Catalogue\ Service},\mathrm{Catalog\ Service})$$
$$=\mathrm{IChannel}\cdot(\vee\mathrm{CatalogueMessage})(\overline{\mathrm{Making\ Catalogue\ Service}}$$
$$<\mathrm{transmission\ channel},\mathrm{CatalogueMessage}>$$
$$\cdot\mathrm{CatalogueMessage}(\mathrm{yTemp}))\cdot(\vee\mathrm{zTemp})(\overline{\mathrm{rTemp}}<\mathrm{yTemp},\mathrm{zTemp}>\cdot\mathrm{z}(\mathrm{oTemp}))$$
$$\cdot\overline{\mathrm{Catalog\ Service}}<\mathrm{oTemp}\cdot\overline{\mathrm{OChannel}}>$$

$$\mathrm{SB}_3(\mathrm{IChannel},\mathrm{OChannel},\mathrm{Transmission\ Service}\mid$$
$$\mathrm{Catalog\ Manage\ Service},\mathrm{Interface})$$
$$=\mathrm{IChannel}\cdot(\vee\mathrm{CatalogueMessage})(\overline{\mathrm{Transmission\ Service}}$$
$$<\mathrm{channel},\mathrm{CatalogueMessage}>\cdot\mathrm{CatalogueMessage}(\mathrm{yTemp}))\mid$$
$$(\overline{\mathrm{Catalog\ Manage}}<\mathrm{channel},\mathrm{CatalogueMessage}>\cdot$$
$$\mathrm{CatalogueMessage}(\mathrm{yTemp}))\cdot(\vee\mathrm{zTemp})(\overline{\mathrm{rTemp}}<\mathrm{yTemp},\mathrm{zTemp}>$$
$$\cdot\mathrm{z}(\mathrm{oTemp}))\cdot\overline{\mathrm{Interface}}<\mathrm{oTemp}\cdot\overline{\mathrm{OChannel}}>$$

$$\mathrm{SB}_4(\mathrm{IChannel},\mathrm{OChannel},\mathrm{PreAction},\mathrm{CatalogService})$$
$$=\mathrm{IChannel}\cdot(\vee\mathrm{CatalogueMessage})(\overline{\mathrm{PreAction}}<\mathrm{Catalog\ Service},$$
$$\mathrm{CatalogueMessage}>\cdot\mathrm{CatalogueMessage}(\mathrm{yTemp}))\cdot(\vee\mathrm{zTemp})$$
$$(\overline{\mathrm{rTemp}}<\mathrm{yTemp},\mathrm{zTemp}>\cdot\mathrm{z}(\mathrm{oTemp}))$$
$$\cdot\overline{\mathrm{Catalog\ Service}}<\mathrm{oTemp}\cdot\overline{\mathrm{OChannel}}>$$

$$\mathrm{SB}_{\mathrm{seq}}(\mathrm{IChannel},\mathrm{OChannel},\mathrm{SB}_5,\mathrm{SB}_6,\mathrm{SB}_7)$$
$$=\mathrm{IChannel}\cdot(\vee\mathrm{xTemp})(\vee\mathrm{yTemp})(\vee a_1,a_2)$$
$$(\mathrm{SB}_5(\mathrm{IChannel},a_1,\mathrm{xTemp},\mathrm{yTemp})\mid\mathrm{SB}_6(a_1,a_2,\mathrm{xTemp},\mathrm{yTemp})\mid$$
$$\mathrm{SB}_7(a_2,\mathrm{OChannel},\mathrm{xTemp},\mathrm{yTemp}))\cdot\overline{\mathrm{OChannel}}$$

$$\mathrm{SB}_{\mathrm{par\_or}}(\mathrm{IChannel},\mathrm{OChannel},i_1,j_1,i_2,j_2,i_3,j_3,\mathrm{SB}_{\mathrm{seq}},\mathrm{SB}_8,\mathrm{SB}_9,C_1,C_2,C_3)$$
$$=\mathrm{IChannel}\cdot((\vee a_1,a_2,a_3)(\vee c_1,c_2,c_3)((\vee\mathrm{xTemp},\mathrm{yTemp})\overline{b}<c_1,\mathrm{xTemp}>\cdot\mathrm{xTemp}(\mathrm{yTemp})\cdot$$
$$([\mathrm{yTemp}=\mathrm{True}\mid C_1](\overline{i_1}\mid\mathrm{SB}_{\mathrm{seq}}(i_1,a_1,x',y'))))\mid((\vee\mathrm{xTemp},\mathrm{yTemp})\overline{b}<c_2,\mathrm{xTemp}>\cdot$$
$$\mathrm{xTemp}(\mathrm{yTemp})\cdot([\mathrm{yTemp}=\mathrm{True}\mid C_2](\overline{i_2}\mid\mathrm{SB}_8(i_2,a_2,x'',y''))))\mid$$

$$((\vee \text{xTemp}, \text{yTemp})\overline{b} < c_3, \text{xTemp} > \cdot \text{xTemp}(\text{yTemp}) \cdot$$
$$([\text{yTemp} = \text{True} \mid C_3](\overline{i_3} \mid \text{SB}_9(i_3, a_3, x''', y''')))) \mid$$
$$(j_1 + j_2 + j_3) \cdot \text{OChannel})$$

9.5.4 服务演化

功能服务演化前的服务序列 S_i 为

$$\overline{z} < u > \cdot(\overline{x} < m > \cdot \text{Catalog content delivery} \circ S_i \cdot x(m) \cdot \text{Catalog content rollback}$$
$$\circ S_i) \cdot z(u) \cdot (\overline{y} < n > \cdot \text{Catalog content rollback} \circ S_i \cdot y(n) \cdot \text{Catalog content delivery} \circ S_i)$$

演化后的服务序列 S_j 为

$$\overline{z} < u > \cdot((\overline{x} < m > \cdot \text{Catalog content delivery} \circ S_i \cdot x(m) \cdot \text{Catalog content rollback}$$
$$\circ S_i) \mid (\overline{\text{finish-channel}} < m > \cdot \text{Sales Leads Service} \circ S_i \cdot \text{finish-channel}(m) \cdot$$
$$\text{Catalog content delivery} \circ S_i)) \cdot z(u) \cdot \text{Catalog content rollback} \circ S_i \cdot \overline{w} < v >$$
$$\cdot(\overline{y} < n > \cdot \text{Catalog content rollback} \circ S_i \cdot y(n) \cdot \text{Catalog content delivery} \circ S_i) \cdot w(v)$$

演化操作执行结束后，增量服务序列和原序列并行执行，即 $S = S_i \mid S_j$。

9.5.5 案例评析

本案例以政务信息资源目录服务系统为例，功能服务和系统接口服务两类服务都存在演化需求，并且演化需求类似，处理方式却不同。该案例具有一定的普遍性和代表性，即以常见服务类型的演化需求来说明不同的处理策略。因此，通过该案例说明了本书研究的需求驱动下的 SaaS 服务演化方法是可行和实用的。

9.6 本 章 小 结

本章对 AEPS 平台的总体结构、设计方案和实现技术进行了简要介绍，重点对其运行环境和辅助工具集的具体设计和实现进行了说明。基于 OWL-S 解析引擎、Graph 引擎和演化日志数据库等运行环境，用 Java 程序实现辅助工具，支撑 SaaS 服务演化过程的实现。AEPS 中所提供的演化运行环境和辅助工具集能够辅助管理员和租户快速实现 SaaS 服务的演化，在提高用户体验方面具有非常重要的意义。

本章给出了两个典型应用案例。客户关系管理 SaaS 服务系统是一个以功能服务演化为主的代表性案例；政务信息资源目录服务系统是一个接口调用服务应用的典型应用案例。案例说明本书研究的需求驱动下的 SaaS 服务演化方法是可行和实用的。

第 10 章　总结和展望

在开放网络环境下，服务越来越被人们所关注，人们对支撑和提供服务的基础设施提出更高的要求。SaaS 的营销模式由传统的购买版权或授权变为购买服务，呈现和突出统一部署、需求多元化、高可用性、良好用户体验等特性。因此，SaaS 服务演化方法是一个极具现实意义的研究内容，比传统软件演化研究更具有挑战性。

本章与第 1 章相辅相成，以研究的原则和成功的标准为依据，对开始制定的研究目标和内容进行检验和确认，通过研究问题的提出、制定问题框架、问题分而治之、实践和验证等阶段后，对问题进行总结，回顾研究过程和内容，理性思考存在的问题和不足，得出经验教训，并提出改进的方向和思路，指导以后的研究工作。

10.1　本书内容回顾

本书在前人研究的基础上，以租户需求为驱动，对 SaaS 服务演化的需求进行形式化描述、需求描述的映射、演化操作模型、模型验证等，在以下几方面开展研究工作。

1. 建立 SaaS 服务演化的概念框架

深入分析 SaaS 服务的特性，以及 SaaS 服务演化与传统软件演化的共同点和区别，研究其演化方法和实现机理。以整体论为指导，站在全局的角度研究演化的总体思路，建立以租户需求为驱动的 SaaS 服务演化的分层概念框架，为后续研究提供框架指导。

2. 提出一种 SaaS 服务需求规约的形式化描述方法

在分层概念框架的指导下，租户需求是 SaaS 服务演化的原始驱动力，在面对复杂多变的租户需求时，研究其演化通常是一项比较复杂的工作。为此，本书对 OWL-S 进行扩展，增加演化位置和演化内容描述，使其可对 SaaS 需求规约进行形式化描述。并建立起 SaaS 服务需求和 OWL-S 的对应关系及描述方法，用 OWL-S 来表示或刻画 SaaS 服务需求规约及演化。

3. 提出一种基于 Pi 演算的需求规约演化方法

需求演化是整个 SaaS 服务演化过程的起点和驱动力。本书研究了需求的演化机制，将演化过程分为可相互作用的基层和元层，通过层间协议实现基层和元层的通信。利用 Pi 演算建立需求规约的演化模型，形式化地定义了演化操作集合和演化过程应遵循的规程。研究 SaaS 服务需求规约中可能存在的冲突类型，及冲突检测和消解方法。

4. 建立 SaaS 服务流程演化模型

对经典 Pi 演算进行扩展，引入描述 SaaS 服务非功能特性的特征元组，并增加名字归属关系和约束操作符，使 Pi 演算具有更强的描述能力。租户需求的演化直接驱动 SaaS 服务流程的演化，用扩展 Pi 演算对服务流程进行描述和形式化表示，建立服务流程演化模型，并对服务流程演化前后的互模拟程度问题进行研究。用服务流程簇解决多租户环境下多个服务流程并行运行的问题，给出流程簇膨胀问题的解决方案。用 Pi 演算验证 SaaS 服务流程的可达性、死锁和活锁问题。

5. 建立基于扩展 Pi 演算的 SaaS 增量式服务演化模型

在需求的驱动下，以原子服务为演化的基本单元，建立增量式服务演化模型。针对 SaaS 服务演化多租户环境下的复杂需求，提出增量式服务演化解决方案，这就是多租户环境下的服务演化，要求系统在新服务增加或变化以后，旧服务必须同时存在且并行执行，而且变化过程对租户是透明的。服务的演化不是简单的删除、替换等操作，而是需要更加完善的机制来保障。对服务进行形式化描述和定义，研究服务的原子演化操作和操作复合问题，并利用互模拟理论证明复合顺序结果的等价性及服务演化的一致性。

6. 实现 AEPS 辅助演化平台

通过分析、设计和实现，开发了 SaaS 演化辅助平台，以日志数据库、OWL 解析引擎及接口、Graph 引擎及接口等为基础，实现演化需求描述图形化表示工具、演化需求建模工具、日志分析工具，辅助管理员和租户完成 SaaS 服务演化操作过程。

7. 通过案例研究验证本书的理论方法

通过两个案例的分析和应用说明本书研究内容和方法的实用性和可行性。选取的案例分别是在面向企业的 SaaS 服务领域具有代表性的 CRM SaaS，及 SaaS 接口服务的典型代表政务目录服务系统。客户关系管理 SaaS 服务系统是一个以功能服务演化为主的代表性案例；政务信息资源目录服务系统是一个接口调用服务应用的典型应用案例。案例说明了本书研究的需求驱动下的 SaaS 服务演化方法是可行和实用的。

综上所述，本书深入研究了需求驱动下的 SaaS 服务演化问题；对 Pi 演算工具和 OWL-S 进行必要、合理、正确的扩展；实现了租户需求规约到 Pi 演算的映射；

建立了 SaaS 服务流程的演化模型，并给出检测方法；建立 SaaS 服务的演化模型，并进行模型分析；实现可用的原型系统说明本书内容的实用性和价值。所以，本书已经完成最初设定的内容和任务，经过案例验证说明内容和方法的可行性和有效性，结果合理且正确。

10.2　本书改进方向

本书对需求驱动下的 SaaS 服务演化问题展开研究，虽然取得了一些成果，但还存在很多问题需要进一步深入研究，主要包括如下问题。

1. 传统软件向 SaaS 模式软件演化问题的研究

随着云计算应用的逐步深入，大量传统模式的软件面临改版问题，重新开发将会给企业和应用造成大量的浪费和高昂的成本。因此，建立起传统软件向 SaaS 模式软件演化的桥梁是目前急需解决的问题，该研究领域将涉及设计模式转变、单租户到多租户模式转变、数据存储模式问题、安全问题等，需要建立起一套领域软件工程理论指导方法和演化理论体系。

因此，下一步可以结合本书的理论基础对传统软件向 SaaS 模式软件转型的一些关键技术进行研究，并研究一些技术上可行的解决方案。需要基于传统软件工程方法论和体系结构理论，研究出 SaaS 模式软件的体系架构转换模型，并满足 SaaS 模式软件的可扩展性和可配置性要求。另外，安全性是决定租户对 SaaS 模式软件信任的关键要素，只有很好的安全保障才能让租户放心地使用 SaaS 模式软件。因此，后期可以对安全性问题进行详细的研究。

2. SaaS 服务演化结果传播问题的研究

本书对 SaaS 服务演化的研究集中在需求驱动下的服务、流程演化问题，对于演化结果传播问题未作深入研究，仅从原则上给出了运行实例的迁移策略。实际上对于演化中的 SaaS 而言，如何使当前运行实例及时同步服务模式的变化仍然需要深入研究，如迁移时公共数据处理、临时运行模式生成、多版本运行实例支持等问题，都需要进一步深入研究。

3. SaaS 服务演化中的整体一致性和正确性验证问题

本书对 SaaS 服务演化中的验证问题的研究集中在各个阶段的冲突、可达性、一致性等验证，对于整体框架实现过程中的一致性和正确性验证问题未作深入探索，如何构建完备的理论体系将是接下来重点研究的问题。该研究主要围绕从演化需求提出、描述到之后的所有演化环节进行整体的一致性和完备性研究。

10.3　未来需要探索研究的问题

目前，云计算环境下的 SaaS 软件、软件演化及服务计算等还有很多问题需要研究者继续研究，随着这些问题的解决，SaaS 服务最终将实现自动、可控和可信的演化过程，SaaS 软件将完全实现自适应。

10.3.1　云计算的若干问题

1. 云计算客户端计算问题研究

在重视和发展云计算时，不能忽略客户端计算的发展，Internet 计算的三角模型，即 Internet 计算将主要集中在数据、云计算以及客户端计算，也就是说，随着数据密集型应用的增加，数据管理对于云计算和客户端计算同样重要，云计算和客户端计算将并存并共同发展。其主要原因如下。

(1) 出于安全的考虑，有的用户不愿意将敏感性数据放入云中处理。

(2) 由于云计算服务基于网络，一旦出现故障或带宽紧张的情况，将会影响云计算服务的质量和效率，所以在服务质量有严格要求或网络质量无法保证的情况下，客户端计算无疑是一个较好的解决方案。随着计算机技术的发展，终端执行计算的能力会越来越强大。

2. 云计算数据和应用的安全性问题研究

虚拟化技术使云计算的资源和应用的管理透明于用户，但是这同样会带来一定的问题。

(1) 多个客户可能在没有意识到的情况下共享同一个物理资源，在云计算安全性技术不成熟的情况下，这可能会带来一定的安全隐患。例如，Hadoop 最新的版本才支持用户层面的集群访问控制和鉴权的功能，而这个问题曾经一直是 Hadoop 的安全隐患。

(2) 云计算的分布式存储策略可能会突破本地政府的监管范围，一些敏感数据的遗失或者外泄可能会成为经济、政治、技术等多个层面的安全隐患，所以国家应该建立统一的监管政策，保证云计算安全、有效地发展和应用。

3. 云计算互操作性和标准化问题研究

目前，云计算服务呈现多元化发展的趋势，服务提供商之间提供的云计算服务缺乏兼容性和互操作性。目前，云计算的标准研究正处在起步阶段，一些云计算的组织或厂商正试图定义云计算的相关标准。例如，开放网格论坛(Open Grid Forum)成立了开放云计算接口工作组，负责研究和定义远程管理云计算基础设备的 API。

OCC(Open Cloud Consortium)正研究解决云计算互操作性的云计算框架的标准，部分厂商在发展云计算服务时也考虑到了互操作性的问题。

4. 云计算政策监管问题研究

云计算的虚拟性以及国际性特点会催生出许多法律以及监管层面的问题，而云计算监管政策的制定应该主要考虑以下三方面的因素。

(1)云计算服务提供商资质。云计算主要应用的范围是对用户的数据进行应用和托管，因此面临如何保证用户信息和隐私安全性的问题，这要求对云计算服务提供商有相应的监管机制。目前，国内部分专家提出了应该从政府角度上设置准入政策，对云计算服务提供商进行相应的审查，以保证数据的安全性和服务质量。

(2)数据和应用的边界性。云计算使得数据存储可能突破本地政府的监管范围，或者可能出现和数据存储的当地政策不相容的情况。这需要通过技术、法律等监管措施对云计算数据和应用的边界性进行合法有效的管理。

(3)云计算的商业投入情况。如税收、保险、人力资源、市场环境等情况。总之，云计算的云不能像天上的云一样自由地飘来飘去，由于政治、法律、经济的原因，云计算的云应该是有边界的，这个边界是由一系列监管政策来划分的。

10.3.2 SaaS 应用中的若干问题

1. SaaS 的多租户技术研究

多租户技术是 SaaS 应用的关键技术，从架构扩展、数据存储、请求处理等方面对多租户技术中的关键性问题提出挑战，虽然已经提出一系列思路和解决方法，但目前的研究工作还有许多问题需要进一步研究和探讨。

(1)对于 SaaS 租户竞争资源的请求处理，可以请求复用的方式来扩大系统的容量，对于请求复用的方式，目前所采用的策略只是对请求内容进行简单的串联，但是如果想进一步获得更好的系统性能，可以进一步考虑对请求内容更加合理的复用方式。目前还没有进一步讨论请求复用的个数问题，即每次复用多少请求能使系统达到最好的性能状况，可以对此进行进一步讨论。

(2)对于租户数据存储模式问题，尽管目前已经有基于多租户的差异数据存储方法，在这个方法中，主要是对数据的存储方式、查询操作、修改操作等进行了处理。但是，在不相邻租户间仍然有冗余的存在，下一步需要考虑异或差异存储模式，以便进一步减少数据冗余。

多租户技术是 SaaS 应用的关键技术，想让一个应用能够支持多租户并不是一件容易的事，需要应用架构具有可扩展性，能够处理大规模的并发请求，并且在数据存储定制方面都需要能够适应多租户的需求。

2. 需求演化

需求演化是一个极其复杂的问题。目前已经有许多成功的研究和实践成果，实践证明科学合理的需求分析过程对软件系统的成功开发和维护起着关键性作用，它逐步成为实现软件工业化生产道路的有效途径。需求工程的相关技术将促进软件产业的变革，使软件产业真正走上工程化、工业化、合理化的发展道路。需求工程所带来的产业变革将会带来更多的商机，形成新的增长点。下一步应该构造出更多合理的需求级构件模型，从而可以更加真实地表现目标系统。

3. SaaS 业务流程定制技术研究

本书提出了可配置的具有一定学习能力的流程模型簇，并研究了其演化，其根据原流程模型簇周期中各个流程模型被执行的概率和流程模型簇中各个流程模型间的距离重新选择基本流程模型，并更新配置规则库。提出的系统使得 SaaS 应用在定义后也能动态修改自己以适应变化着的业务流程需求，并随时保持着低存储空间和高实例化效率的优点。虽然在实现智能化的 SaaS 流程配置方面取得了一定成果，但仍然有不少问题需要在以后的工作中逐步解决，例如，在配置规则的冲突处理上，仅仅是采取了简单的合并策略，假设所有的配置规则都是有利的方法，不能完美解决所有的规则冲突问题。另外，在寻找新的基本流程模型的时候，计算的流程模型执行率是基于上一周期的数据计算的，在新的基本模型周期中，执行率和上一周期的必然有所出入，因此找寻一个比较好的预测算法将使得流程模型的演化更加强大。本书试图解决 SaaS 服务流程动态适应性问题，并期待其随着应用的扩大而不断得到补充和完善，随着服务计算和工作流技术的发展得到同步发展。

4. 服务流程验证问题研究

服务组合验证包括流程的正确性验证和服务组合成员间的兼容性验证。为了使演算的服务组合验证更加完整，可考虑研究服务组合成员间的兼容性验证。服务流的正确性验证的研究范围非常广泛，包括流程死锁和活锁检查、状态的可达性检查等。本书根据 SaaS 服务流程的特点和流程引擎的功能，只研究了部分内容。将来的工作应该充分发挥演算形式化语言的能力，使验证工作更加全面，并且能应用于其他研究服务组合语言。仿真也是一个非常有用的流程验证方法，相比本书研究的静态验证，仿真技术更加实用。但仿真由于验证样本的限制，无法全面地验证流程实际运行中会遇到的各种情况。为了更加全面地验证一个流程的正确性，应该把静态验证和仿真技术结合起来。

5. SaaS 服务演化及验证问题

对现有的 SaaS 服务技术方案进行形式化的描述和验证是软件形式化研究的热

点也是难点。服务事务处理的异步互模拟关系还需进一步研究，急需进一步论证服务事务处理的时间互模拟与异步互模拟之间的关系。

10.3.3　Pi 演算和 OWL-S 形式化工具应用若干问题

1. 用 Pi 演算研究本体演化

在本体演化过程中，用恰当的变化表示方式对演化过程建模能够辅助本体工程师准确地判定和保持本体的一致性，所以，恰当的模型对本体一致性的维护至关重要。演算作为并发理论的形式化描述工具，拥有建模拓扑动态变化系统的能力，其并发机制和消息通信的机制非常适合用于本体演化过程的建模。但由于演算建立的模型无法实现添加实体间的关系等变化，所以大大局限了其在本体演化过程中的应用。

Pi 演算有一种情况无法添加进程，由于两个进程的通道集合相等，所以无法分辨出究竟要向哪个进程添加新进程，会导致两个进程都添加一个新进程的错误。在 SaaS 演化中，当系统中两个进程拥有的通道集合相等时，Pi 演算无法表示，这些问题需要进一步研究。但这种情况只有当系统中仅有两个进程时才会出现，而实际的描述模型中很少会出现这种简单情形。

2. 与形式化语言无关的服务演化方法研究

一个可能的解决方法是提取众多服务描述语言的通用概念框架，在面对特殊的服务描述语言时，采用一种通用的语言与之映射。服务演化结果传播问题也需深入研究，如何使当前运行实例及时同步服务模式的变化仍然需要深入研究，如迁移时公共数据处理、临时运行模式生成、多版本运行实例支持等问题。服务演化对于提高服务应用的环境适应能力有着非常重要的意义，但目前大多数语义服务执行环境并不支持服务模式的静态演化，因此，需要对支持演化的语义服务执行环境进行进一步研究。在新的服务执行环境中，应当支持运行实例的自适应调整，如维持、异常处理和组件服务实例动态选择等，也需要提供完整的框架，支持服务模式演化，并将这些演化同步到当前的服务运行实例。

3. Web 服务的 OWL-S 语义相关问题研究

Web 服务是部署在 Internet 上的软件组件，服务描述是构建 Web 服务的基石，赋予服务描述语义信息是实现语义 Web 服务的基础。然而，当前 Web 服务描述的标准语言 WSDL 只能提供语法上的描述，不能定义良好的语义信息表示。在大多数情况下，它只能提供面向人的简单的接口、功能和属性等方面的描述，只是基于关键字，缺乏能使机器理解的表达能力，因而并不能很好地满足智能化发现、执行和组合等的需求。因此，赋予服务描述丰富的语义信息是当前研究的热点。当前语义描述的研究方向基于本体描述语言、逻辑语言和基于过程模型(状态机、Petri 网和基于进程代数)，它们都有各自的侧重点。基于本体方向着力的是服务内容、属性等的计算机可理解的形式化表达，将本体作为服务间共有的知识进行匹配和简单推理等逻辑语言具有强大的规则表达能力，用以表示服务的偏好和规则等。基于状态机和 Petri 网，则更强调服务交互时的行为特征，从动态的角度描述服务在交互时状态的变迁。基于进程代数，它在描述行为流和消息流上都具有很强的能力，而且具备良好的逻辑推导能力。在对比分析中按照语义服务描述的四大特征，即数据语义、功能语义、质量语义和执行语义对各种方法进行归纳，基于本体的方法对数据语义支持最好，不支持执行语义；状态机对执行语义提供很好的支持，在功能语义方面也有很好的表现，但基本上不支持数据语义描述，但它们在质量语义方面都仍存在一定缺陷。在语义服务描述方面，还存在很多问题值得研究，前面所述的基于本体描述语言的方法虽然在数据语义上取得了很大的成功，但在其他方面的表现还不完善。而过程模型的诞生也并不是专门为了语义描述服务，也需要对它们的模型进行改进才能使之更适合作为服务描述语言。目前许多融合上述方法的工作正在进行，对它们进行取长补短，尽量多地涵盖服务语义描述的所有特征，这应该是语义 Web 服务描述语言标准的发展方向。

10.4 本章小结

作为本书的最后一章，本章首先对全书的研究工作进行回顾和总结，分析研究工作是否成功并进行评述，给出已经达到预定目标的结论；接下来对研究过程中还存在的问题进行分析，为后续研究提供思路；最后从云计算、SaaS 应用和形式化语言等方面深入总结下一步需要探索研究的问题，为读者进一步理清学习和研究思路提供支撑。

参 考 文 献

[1] Marston S, Li Z. Cloud computing-the business perspective[J]. Decision Support Systems, 2011, 51:176-189.

[2] 郜惟. SaaS 理论及应用研究综述[J]. 农业网络信息, 2011, 3:69-70.

[3] Allen E B, Khoshgoftaar T M. Measuring coupling and cohesion:An information-theory approach[C]// Proceedings of the 6th International Software Metrics Symposium, 1999, 1: 119-127.

[4] Belady L A, Lehman M M. A model of large program development[J]. IBM Systems Journal, 1976, 15(1):225-252.

[5] 杨建新. SaaS 现状分析与前景展望[J]. 软件导刊, 2012, 11(1):29-30.

[6] Bennett K, Layzell P, Budgen D, et al. Service-based software: The future for flexible software[C]// Seventh Asia-Pacific Software Engineering Conference, 2000: 214-211.

[7] Chong F, Carraro G. Architecture strategies for catching the long tail[R]. Microsoft Corporation, 2006.

[8] 罗小利, 吴清烈. SaaS 软件服务基于大规模定制的业务逻辑框架研究[J]. 电信科学, 2011, 9:26-28.

[9] 赵宇晴, 黄秋波, 苏厚勤. SaaS 流程可配置模型的研究与实现[J]. 计算机应用与软件, 2011, 28(12):191-194.

[10] 昌中作, 徐悦, 戴钢. 基于 SaaS 模式公共服务平台多用户数据结构的研究[J]. 计算机系统应用, 2008, 2:8-11.

[11] 周亮. 基于规则的 SaaS 业务流程定制和挖掘[D]. 上海：上海交通大学, 2012.

[12] Yan J F, Zhang B. Support multi-version applications in SaaS via progressive schema evolution[J]. IEEE International Conference on Data Engineering, 2012:2-7.

[13] 魏栋彦. 基于 Pi 演算的服务流验证方法研究[D]. 杭州：浙江大学, 2011.

[14] 王淑营. 支撑产业链协同的 SaaS 平台自适应演化技术[J]. 西南交通大学学报, 2012, 47(1):39-42.

[15] 刘士群, 王海洋, 崔立真. Saas 应用中基于数据依赖的渐进式模式演化方法[C]//全国服务计算学术会议, 2010:127-131.

[16] 周亮, 曹健, 陈姣娟. 软件即服务流程模型的自动演化[J]. 计算机集成制造系统, 2011, 17(8):1604- 1608.

[17] Aalst W M P V D, Lohmann N, Massuthe P, et al. From public views to private views by design for services[J]. Proceeding software International Web Services and Form Methods, 2007:139-153.

[18] Aalst W M P V D, Lohmann N, Massuthe P, et al. Agreeing and implementing inter-organizational Professes[J]. The computer Journal, 2010, 53(1):90-106.

[19] Deeker G, Mske M. Behavioral insistency for B2B process[C]//Proceeding of the International Conference on Advanced Information Systems Engineering（CAISE）, 2007:81-95.

[20] König D, Lohmann N, Moser S, et al. Extending the compatibility notion for abstract WS-BPEL processes[C]//International Conference on WWW, DBLP, 2008:785-794.

[21] Maedche A, Motik B, Stojanovic L, et al. User-driven ontology evolution management[C]// European Knowledge Eng and Management（EKAW 2002）, 2002: 7-13.

[22] Fensel D. Ontologies:Dynamics networks of meaning[C]//Proceedings of the1st Semantic Web Working Symposium, Stanford 2001: 51-63.

[23] Pazoglou P P. The challenges of service evolution[C]//Proceedings of the International Conference on Advanced Information Systems Engineering（CAISE）, 2008:l-15.

[24] Ryu H, Casati F, Skogsmd H, et al. Supporting the dynamite evolution of web service protocol service oriented[C]//ACMT RAMS Action Soothes Web, 2008, 2（2）: 13.

[25] Liske N, Lehman N, Stahl C, et al. Another approach to service instance emigration[C]// Proceeding of the Joint International Conference on Service Oriented Computing and Service, 2009:607-621.

[26] Wang W, Zeng G S,Zhang J Q,et al. Dynamic trust evaluation and scheduling framework for cloud computing[J]. Security and Communication Networks, 2012, 5:311-318.

[27] Ellis C A, Keddar K, Rozenberg G. Dynamic change with in workflow systems[C]//Proceeding of the International Conference on Organizational Computing Systems, 1995:10-21.

[28] Aalst W M P V D, Basten T. Inheritance of workflows: An approach to tackling problems related to change[J]. Theoretical Computer Science, 2002, 270（11）:125-203.

[29] Lam L, Tang Q, Zou Z L, et al. Identifying data constrained activities form migration planning[C]// Proceeding of the IEEE International Conference on Services Computing（SCC）, 2009:364-371.

[30] Henzinger T, Manna A. A method for transition systems[J]. Information and Computation, 1994, 112（2）:273-337.

[31] Fu X, Bultan T, Su J W. Analysis of interacting BPEL web services[C]//International Conference on World Wide Web. New York: ACM, 2004: 621-630.

[32] Lei L H, Duan Z H. An extended deterministic finite automata based method for the verification of composite web service[J]. Journal of Software, 2007, 18（12）:2980-2990.

[33] Peterson J L. Petri Net Theory and the Modeling of Systems[M]. New Jersey: Prentice-Hall, 1981:121-130.

[34] Hinz S, Schmidt K, Stahl C. Transforming BPEL to Petri nets[C]//International Conference on Business Process Management. Berlin: Springer, 2005: 220-235.

[35] Mens T, Buckley J, Rashid A. Towards a taxonomy of software evolution[C]//Proceedings of the Workshop Software Evolution, 2003:50-59.

[36] Salehie M, Tahvildari L. Self-adaptive software landscape and research challenges[J]. ACM Transactions on Autonomous and Adaptive Systems, 2009, 4(2):1-42.

[37] Laddaga R. Self-adaptive software[J]. The Defense Advanced Research Projects Agency, 1998: 98-112.

[38] Fox J, Clarke S. Exploring approaches to dynamic adaptation[C]//Proceedings of the International Disc Workshop on Middleware Application Interaction, 2009:19-24.

[39] Holvoet T. Emergence and self-organization a statement of similarities and differences[C]//Proceedings of the International Workshop on Engineering Self-Organizing Applications, 2004: 96-110.

[40] Wang Q X, Shen J R, Wang X P. A component based approach to online software evolution[J]. Journal of Software Maintenance and Evolution, 2006, 18(3):181-205.

[41] Milner R. Communicating and Mobile Systems: The Pi Calculus[M]. Cambridge: Cambridge University Press, 1999:12-67.

[42] Parrow J. An introduction to the Pi calculus[J]. Royal Institute of Technology, 2006:123-143.

[43] Sangiorgi D, Walker D. The Pi Calculus:A Theory of Mobile Presses[M]. Cambridge: Cambridge University Press, 2004.

[44] Bistarelli S, Montanari U, Rossi F. Semiring-based constraint satisfaction and optimization[J]. Journal of the ACM, 1997, 44(2):201-236.

[45] 周静, 曾国荪. 基于 CPi 演算的网格服务行为研究[J]. 计算机科学, 2007, 34(6):13-18.

[46] 何克清, 彭蓉, 王健, 等. 网络式软件[M]. 北京：科学出版社, 2008.

[47] 何克清, 马于涛, 李兵, 等. 软件网络[M]. 北京：科学出版社, 2008.

[48] Lawrence D. Customer-centered products:Creating successful products through smart requirements management[J]. Insight, 2000, 3(4): 350-351.

[49] Jarke M, Pohl K. Requirements engineering in managing a changing reality[J]. Software Engineering Journal, 1994, 9(6): 257-266.

[50] Haase P, Stojanovic L. Consistent evolution of OWL ontologies[C]//Proceedings of the 2nd European Semantic Web Conference, 2005:182-197.

[51] Martin D, Ankolekar A, Burstein M. OWL-S:Semantic Markup for Web Services[S]. W3C Candidate Recommendation. http://www. daml. org/services/owl-s.

[52] 贺聪, 李绪蓉, 万麟瑞. WS-CDL 模型到 Pi-演算的形式化描述方法研究[C]//第五届中国软件工程大会, 2011:63-66.

[53] Wang J, He K Q, Li B, et al. Meta-models of domain modeling framework for networked software[C]//Sixth International Conference on Grid and Cooperative Computing, 2007: 878-886.

[54] 史玉良, 栾帅, 李庆忠, 等. 基于 TLA 的 SaaS 业务流程定制及验证机制研究[J]. 计算机学报, 2010, 33(11): 2056-2067.

[55] 杨毅, 何丰. 基于 Pi 演算的 CRM 系统的业务流程建模[J]. 计算机工程与设计, 2009, 30(17):

4012-4015.

[56] 陈静, 王建民. 基于规则的流程演化机制[J]. 计算机工程与应用, 2006, 6(1):61-87.

[57] 马超, 徐晓飞, 王忠杰. 基于进程代数的服务业务流程价值分析[J]. 计算机学报 2010, 33(11):2177- 2189.

[58] Nicollin X, Sifakis J. An overview and synthesis on timed process algebras[J]. LNCS Computer Aided Verification, 1992:376-398.

[59] Lowe G. Probabilistic and prioritized models of timed CSP[J]. Theoretical Computer Science, 1995, 138(2):315-352.

[60] 符宁, 周兴社, 詹涛. 一种能够描述可信特征的进程代数[J]. 计算机研究与发展, 2011, 48(11) : 2120-2130.

[61] 胡静, 冯志勇 基于多元 Pi-演算的 Web 服务形式化描述模型及其验证[J]. 计算机应用研究, 2011, 28(8) : 3000-3003.

[62] Wei G. Overview of SaaS theory and application[J]. Agriculture Network Information, 2011, 3:69-70.

[63] Luo X L, Wu Q L. Research of business logic framework for SaaS software service based on mass customization[J]. Telecommunications Science, 2011, 9:26-28.

[64] Shi Y L, Luan S, Li Q Z. TLA based customization and verification mechanism of business process for SaaS[J]. Chinese Journal of Computers, 2010, 33(11):2056-2058.

[65] Bezemer C P, Zaidman A, Platzbeecker B, et al. Multi-tenant SaaS applications maintenance dream or nightmare[J]. Position Paper, 2009: 88-89.

[66] Zhuo L, Cao J, Chen J J. Self-evolving for process model of software as a service[J]. Computer Integrated Manufacturing Systems, 2011, 17(8):1603-1608.

[67] Liu S Q, Wang H Y, Cui L Z. Application of SaaS based on data dependency of the progressive pattern evolution method[C]//The First National Conference on Service Computing(CCF NCSC 2010) Essays, 2010: 127-129.

[68] Papazoglou M P. The challenges of service evolution[C]//Proceedings of the 20th International Conference on Advanced Information Systems Engineering, 2008:1-15.

[69] Horridge M, Bechhofer S, Noppens O. Igniting the OWL 1. 1 TouchPaper the OWL API[C]// OWLED 2007, 3rd OWL Experienced and Directions Workshop, Innsbruck, 2007.

[70] An Introduction to RDF and the Jena RDF API[EB/OL]. http://jena. sourceforge.net/tutorial/ RDF_API.

[71] Bechhofer S, Volz R, Lord P. Cooking the Semantic Web with the OWL API[M]. Berlin: Springer, 2003: 659-675.

[72] Gansner E R, North S C. An open graph visualization system and its applications to software engineering[J]. Software Practice & Experience, 2000, 30(11):1203-1233.